SHANKUGUA ZAIPEI YU JIAGONG LIYONG

山苦瓜
栽培与加工利用

资助项目

福建省农业科学院亚热带园艺作物乡村振兴科技服务团队项目（2024KF01）

福建省农业科学院闽台特色蔬菜种质资源创新利用平台提升项目（CXPT2023003）

编　　著　练冬梅　赖正锋　洪建基

参编人员　林碧珍　张少平　姚运法　李　洲　吴松海　鞠玉栋

吴立东　罗燕华　林奕峰　林建华　蔡旸晖

编写单位　福建省农业科学院亚热带农业研究所

三明市农业科学研究院

漳州市农业科学研究所

长泰区农业农村局

长泰县福菜缘农业科技有限公司

海峡出版发行集团 | 福建科学技术出版社
THE STRAITS PUBLISHING & DISTRIBUTING GROUP | FUJIAN SCIENCE & TECHNOLOGY PUBLISHING HOUSE

图书在版编目（CIP）数据

山苦瓜栽培与加工利用 / 练冬梅，赖正锋，洪建基编著. -- 福州：福建科学技术出版社，2025. 6 .
ISBN 978-7-5335-7587-8

Ⅰ. S642.5

中国国家版本馆CIP数据核字第2025J3B032号

出 版 人　郭　武
责任编辑　李景文
编辑助理　黎造宇
装帧设计　余景雯
责任校对　林锦春

山苦瓜栽培与加工利用

编　　著　练冬梅　赖正锋　洪建基
出版发行　福建科学技术出版社
社　　址　福州市东水路76号（邮编350001）
网　　址　www.fjstp.com
经　　销　福建新华发行（集团）有限责任公司
印　　刷　广东虎彩云印刷有限公司
开　　本　700毫米×1000毫米　1/16
印　　张　15.75
字　　数　224千字
插　　页　6
版　　次　2025年6月第1版
印　　次　2025年6月第1次印刷
书　　号　ISBN 978-7-5335-7587-8
定　　价　48.00元

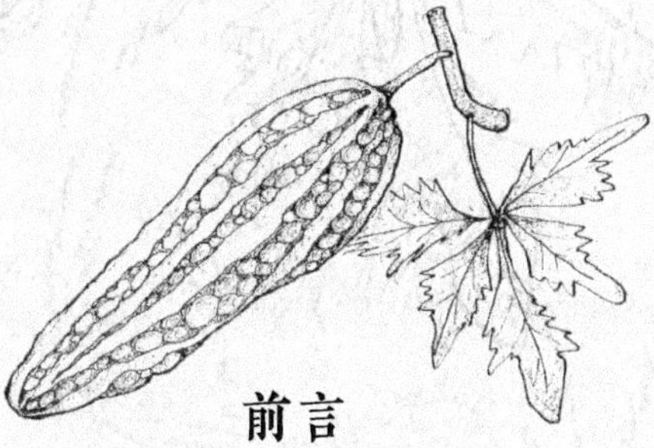

前言

PREFACE

山苦瓜，一般南方称为凉瓜、锦荔枝，北方称为红姑娘、癞瓜等，为苦瓜的一类品种，为葫芦科苦瓜属一年生草本植物，广泛分布于热带、亚热带及温带地区，在我国分布较广，福建、广西、广东、云南、贵州、江西、湖南、浙江、江苏、安徽等地都有种植。据测定，山苦瓜的干物质含量达92.2%，比普通苦瓜高出1%～2%；含可溶性固形物达到5%，比普通苦瓜高出20%左右。每100g鲜品含维生素C 152mg，含蛋白质1.3g，分别比普通苦瓜高出30%和32%。山苦瓜具有抗突变、降血糖、抗肿瘤、降低胆固醇等功效，可用来炖汤、凉拌，还可加工成苦瓜茶。目前，南方地区广泛栽培山苦瓜，其栽培及加工利用技术不断趋于成熟。

本书由福建省农业科学院亚热带农业研究所特色蔬菜研究室的科研工作者根据多年的科研成果，结合大量山苦瓜育种、繁殖、推广的生产实践经验和系统研究编写而成，较全面地阐述了山苦瓜的发展概况、生物学特性与生长发育规律，重点介绍了山苦瓜的生物学特性、营养成分与价值、育苗技术、栽培技术、逆境生理及其防治、育种技术、贮藏保鲜技术、加工利用技术等。本书重在普及推广山苦瓜栽培和加工技术，为广大蔬菜专业户、专业技术人员提供理论和实践指导。

全书由练冬梅、赖正锋和洪建基拟定撰写纲目和内容，并负责统稿，其中练冬梅负责全书第一章至第九章共20余万字的撰写工作，林碧珍、张少平、姚运法、李洲、吴松海、鞠玉栋、罗燕华、林奕峰、蔡旸晖等团队成员为本书的出版也做了一定工作。

本书撰写过程中，广泛参考了一些国内外专家和学者的论著及文献，同时吸取了种植户及企业的生产实践经验，注重理论和实践相结合，理论知识通俗易懂，实践经验切合生产实际，具有较高的实用性和可操作性。书中附有彩图，可帮助读者比较直观地理解书中的内容。

本书的出版得到福建省农业科学院亚热带园艺作物乡村振兴科技服务团队项目和福建省农业科学院闽台特色蔬菜种质资源创新利用平台提升项目的大力支持，在此深表谢意。

由于编者水平有限，书中难免出现不当之处，敬请专家、同仁和读者批评指正。书中图片少数来源于网络，因条件限制，未能找到来源和进行标注，敬请原作者及时联系。

编著者

2024年10月

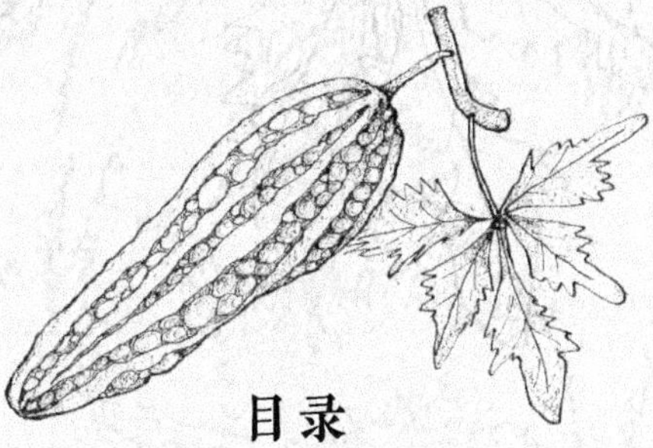

目录

CONTENTS

第一章 D I Y I Z H A N G
概述

第一节　起源、分布与栽培

山苦瓜（学名: *Momordica charantia* L. var. *abbreviata* Ser.）是苦瓜的一个种，别名野生苦瓜，染色体数 $2n=2x=22$，与苦瓜有相似的化学成分和药理作用，常被用作保健食品和民间医药。现有研究已证实山苦瓜的活性成分含量较为丰富，且同样具有较强的降血糖和抗氧化等药理活性。

山苦瓜是一种药食同源物质，在南方有凉瓜、锦荔枝、金铃子之称，北方称之为红姑娘、癞瓜等。原产地在非洲，后来引入到亚热带地区，在我国分布比较广泛，种植较多的地区有福建、广东、台湾和云南等省份。近年来，山苦瓜还成为美化庭院立体栽培的品种，发挥了它的观赏与食用相结合的价值。民间用于治疗肝炎、喉炎、风火牙痛，有滋补强壮和治疗毒蛇咬伤等作用，历代临床用来治疗痢疾、肠炎、中暑等症状。山苦瓜入药始见于明代的《滇南本草》，书中记载"治丹火毒气，疗恶疮结毒，或遍身已成芝麻疔疮疼难忍。泻六经实火、清暑、益气、止渴"，后在李时珍的《本草纲目》中也有记载。

山苦瓜果实大多呈纺锤形，表面带有疣状突起和软刺，两端呈尖嘴状，未成熟的果实为白色、绿色、浓绿色，成熟的果实为橙黄色，果熟透后，常常会自然裂为3瓣，向外翻卷而露出深红色假种皮的种子。山苦瓜未成熟时去籽食用，味道苦涩，成熟后味道稍甜，假种皮可食用，具有生津止渴、修复脾胃和消暑的作用。

随着生活质量的提高，人们也越来越追求天然无公害并具有功能性作用的蔬菜，山苦瓜中含有丰富的皂苷和各种矿物质，对糖尿病的治疗有很好的作用，因此被作为一种新兴的高营养价值的功能性蔬菜进行规模化种植。近年来，山苦瓜逐渐被人们认识和青睐，我国已有多家企事业单位对其进行引种和开发。

第二节　经济社会效益

一、经济效益

根据地区气候情况，有些地区种植茬数不同，按照一般年份市场行情测算，一般每茬每亩产量 2500kg 左右，鲜果市场销售价目前达到 8 ～ 10 元 /kg，扣除每亩种子、肥料、农药、农膜、农机、承包费、人工费用等成本 3000 元左右，平均每茬每亩纯收入 1.7 万～ 2.2 万元。

鲜果也可加工成茶售卖。山苦瓜茶价格较高且稳定，目前市场价格 400 元 /kg 左右，具有可观的经济效益和广阔的市场前景。

二、社会效益

因山苦瓜产量高、营养价值也高，种植面积不断扩大，被开发为天然抗氧化保健食品，颇受市场欢迎，可以有效补充居民的菜篮子。

山苦瓜作为一种可食用的特色蔬菜，兼具食用价值和观赏价值。在植物园、房前庭院、科普园、农家院等场所搭棚种上山苦瓜，一个个小苦瓜悬挂在棚上，显得格外可爱。

园艺观赏

第三节 山苦瓜产业化发展的机会

一、农业发展政策扶持

党的十九大提出了实施乡村振兴战略，总的要求就是“产业兴旺、生态宜居、乡风文明、治理有效、生活富裕”20 字方针，要求坚持农业农村优先发展，加快推进农业农村现代化。农业农村农民问题是关系国计民生的根本性问题，必须始终把解决好“三农”问题作为全党工作重中之重，要让农业成为有奔头的产业、要让农民成为有吸引力的职业、要让农村成为安居乐业的家园。国家、省、市各级政策也加大强农惠农富农政策力度，农业支持保护补贴、农机补贴、规模经营补贴、“三品一标”获证补助、生态效益补偿、农林业保险等各方面补贴、补偿、补助政策逐步完善；中央财政现代农业生产发展项目、高标准农田建设项目、农产品产地初加工补助项目、省级农业三新工程项目、绿色高质高效创建项目、新型职业农民培育项目、测土配方施肥项目等全面深入产业发展，注入农业发展新动力，框架完整、措施精准、机制有效的政策支持体系逐步构建和完善。

全国农业系统每年获得大量补贴资金，涉及农、林、牧、渔各个行业，以及相关的重要生产环节和产能提升、主体培育与载体建设、科技创新与推广服务、信息与互联网、资源利用与生态保护等各个方面，重点加强各类现代农业园区公共基础设施和公共服务能力建设，加强农业龙头企业和外向型农业企业引进、设施设备改造及技术研发，支持农民专业合作社和家庭农场健康发展，支持优质稻麦、绿色蔬菜、应时水果、特粮特经等优势特色主导产业发展和品牌建设，支持农村一二三产业融合发展、外向型农业发展等。对于引进产业化山苦瓜栽培而言，具有较好的农业发展基础和政策优势。

二、蔬菜产业转型需求

随着现代农业的快速发展和人民生活水平的不断提高，当前我国城乡居民正在发生显著的消费需求升级，农产品从数量需求向数量与质量需求并重转变，消费者更加注重农产品的品质和安全；农产品从单一产品消费向产品消费与服务消费并重转变，农业的多功能拓展不断深化，观光农业、休闲农业、体验农业、康养农业、创意农业等新的业态不断成长。农业供给侧结构性改革也注重突出产品结构调“优”，消除无效供给，增加有效供给，拓展中高端供给，突出优质专用、大宗农产品和特色产品优势；注重突出生产方式调“绿”，重在推行绿色生产方式，修复治理生态环境，注重清洁生产、节水工程、环境治理、生态工程等；注重突出产业体系调“新”，农村新产业新业态、产业深度融合、全环升级、全链条升值，大力发展乡村休闲旅游产业、农村电商、现代食品产业、特色村镇等。

近年来，全国上下正在积极构建现代产业体系，加快形成优势特色产业体系，在农业方面，聚焦发展特优高效种植、特种绿色水产、特色生态休闲三大高附加值现代农业特色产业，推动农业拉长产业链、拓展功能链、提升价值链，不断拓宽农业增产增值空间。农业发展呈现生产区域化、产品优质化、经营专业化，在蔬菜产业供给侧结构性改革中必须突出新品种、新技术、新模式、新装备的引入和应用，传统的蔬菜产业需要尽快向有核心技术支撑的高新高效蔬菜产业发展。山苦瓜因独特果形和营养，有非常高的观赏价值、食用价值、营养价值和保健价值，在农业生产中不仅可以当作特色产业发展，也能与休闲旅游、餐饮娱乐、教育文化、健康养生、农村电商等深度融合，发展观光农业、体验农业、休闲农业、创意农业等新产业。积极引进以山苦瓜为代表的新品种，大力发展绿色生产，深化产业深度融合，发挥区域优势，转变产能升级，能更好地促进农业供给侧结构性改革，优化产业结构，实现农民增收、乡村振兴。

三、福建种植山苦瓜致富经

福建省诏安县秀篆镇空气质量上佳、土壤富含硒元素，在优异水土环境下种植出来的山苦瓜被顾客所青睐，每年都供不应求。近年来，秀篆镇立足于丰富的林地资源禀赋，扶持“裕健龙”“象添”等中药材种植企业不断壮大，大力发展林下中药材栽培，蹚出了一条生态致富的好路子。山苦瓜虽味苦，却能让贫困户摘掉“穷”帽子、过上“甜”日子，让村民走上致富之路。据裕健龙工作人员介绍，为了保护生态环境、提高山苦瓜品质，山苦瓜在种植中不使用农药，而是采用抓虫器等工具来捕捉害虫。由于山苦瓜的保鲜期短，为了在保证山苦瓜原味品质的基础上延长其保质期，裕健龙中药材基地购入烘干机等设备，把新鲜的山苦瓜经过切片、晾晒、烘干等一系列工序，制作成山苦瓜茶，再经过精美的包装后可销往各地，成为人们茶桌上的良品，也让裕健龙生态养生茶的招牌更加响亮，推动了秀篆镇山苦瓜种植产业的兴旺发展。目前，秀篆镇种植山苦瓜的面积约 100 亩，每亩预计产量超过 2000kg，新鲜山苦瓜市场价 24 元 /kg，而经过烘焙的山苦瓜茶市场可卖 600 元 /kg 以上，不少农户靠着山苦瓜过上了好日子。小小山苦瓜，是秀篆镇产业经济发展的新希望。

长泰区陈巷镇天桥果蔬农场种植的山苦瓜大有名气，山苦瓜茶因不含任何添加剂，作为纯天然绿色饮品在国内各大展览会大受欢迎，远销海内外。在蔡旸晖多年摸索及福建省农业科学院、省农业农村厅和台湾农业专家的指导下，农场引进了福建本地山苦瓜与日本苦瓜杂交选育出来的

山苦瓜绿色种植

新品种——如玉 45 号，搭建起竹架，进行规模种植。蔡旸晖采用绿色种植方法，不喷农药、不施化肥，即使苦瓜园里长满杂草，也只会采用人工割草，绝不施药除草，真正做到纯绿色无污染。农场于 2016 年获得福建省无公害农产品蔬菜基地称号，2019 年获评福建省优质农产品标准化示范基地、获批福建省级专家工作站，2020 年获评全国基层农业科技推广示范基地。除了传统销售方式，他不断地拓宽销售渠道，为产品插上“电商翅膀”，通过抖音直播平台，让苦瓜茶成了“网红”，苦瓜茶给他带来了“甜”日子。

四、湖南山苦瓜特色产业发展

湖南省会同县阳光充足、土壤肥沃、昼暖夜凉，非常适合山苦瓜的生长。新有爱农业有限公司与湖南农业大学、湖南大学、台湾安吉生技集团等多所科研院校、机构达成战略合作，历经五年自主培育出“有爱系列”山苦瓜品种，建立山苦瓜基地，成立农业合作社，并研发出山苦瓜系列健康食品，打通了生态农业产业链。其“条里司”牌山苦瓜茶，产品自上市以来得到了市场认可，山苦瓜还获得“深圳标准 · 圳品”标志，并获二十三届中国中部（湖南）农业博览会金奖。该公司申请并拥有专利 50 余项，注册商标 20 余个，还和广州王老吉等知名公司达成合作。

第二章 DIERZHANG

山苦瓜生物学特性

第一节 植物学特性

一、根

山苦瓜根

山苦瓜根肥大，长椭圆形或棱形，有纵纹，黄白色，数条簇生于根茎基部。根系比较发达，侧根很多，主要分布在30 ~ 50cm的耕作层内，根系最深分布达2.5 ~ 3.0m，横向伸展最宽1.0 ~ 1.3m。根系喜潮湿、疏松、肥沃的土壤环境，在栽培上应选择适宜的栽培地并注意加强水分管理，同时根系又怕涝，田间积水易造成根系窒息而死亡，所以栽培上还要注意雨后排水。

二、茎

杂交品种山苦瓜茎

植株生长较旺，茎蔓具5棱，浓绿色，着生茸毛，茎节上着生叶片、卷须、花芽、侧枝，卷须单生。山苦瓜的茎蔓生长分枝能力很强，几乎所有叶腋间都能发生侧枝而成为子蔓，在子蔓上的叶腋间又能发生第二次分枝而成为孙蔓，同样孙蔓上也能发生侧枝。上架前应将主蔓180cm以下的侧枝摘除，以免浪费养分，同时促进主蔓伸长。主蔓上架后，要进行适当的理蔓，保证各个方向有长度大小、粗细一致的侧蔓，以利通风和采光。

三、叶

子叶出土，一般不进行光合作用。初生真叶两片对生，盾形，灰绿色或绿色。以后的真叶为互生，掌状深裂或浅裂，叶脉放射状，一般具 5 条放射状叶脉。叶色有浅绿、绿色和深绿三大类型。叶的大小依品种和环境条件而异，在福建春季栽培的多数山苦瓜品种，主蔓 15 ~ 20 节之间的平均叶长 7 ~ 21cm、宽 10 ~ 25cm，叶柄长 4 ~ 11cm，柄有沟，节间长 4 ~ 10.5cm。

山苦瓜叶片

四、花

山苦瓜花雌雄同株，异花，单生，着生于从叶腋处伸长出的细长的花柄顶端。植株一般先发生雄花，后发生雌花，雄花花萼钟形，萼片 5 片，绿色；花瓣 5 片，卵圆形，直径约 2cm，黄色；具长花柄，长 6 ~ 14cm，横径 0.1 ~ 0.2cm，柄上着生盾形苞叶，长 1.4 ~ 4.5cm，宽 1.5 ~ 3.5cm，绿色；雄蕊 3 枚，分离，具5个花药，各弯曲近“S”形，互相联合。上午开花，以6 ~ 9时为多。雌花几乎单性，偶有弱两性花的类型，具5瓣，黄色，子房下位，花柄长4 ~ 14cm，横径0.1 ~ 0.3cm，花柱上也有一苞叶，雌蕊柱头5 ~ 6裂。山苦瓜花为虫媒花，在反季节设施栽培中，要进行人工辅助授粉。早熟品种主蔓6 ~ 10节出现第一雌花，中晚熟品种主蔓15 ~ 20节出现第一雌花。

山苦瓜雌／雄蕾

山苦瓜雄花开放

山苦瓜雌花开放

五、果实

果实为浆果，表面有大量瘤状突起，在现有的栽培品种中，果实的瘤状、果形、皮色、长短等依品种而异，且多种多样。瘤状有纵条、圆瘤、尖瘤、纵条间圆瘤或尖瘤、瘤状带短纵条等；果形有近球形（苹果形）、圆锥形、纺锤形、椭圆形、短棒形等；商品瓜的皮色有墨绿色、绿色、淡绿色、乳白色、黄白色、白色等，但熟透的果实为橙黄色或红色，常自然裂为3瓣，瓜瓤鲜红色，向外翻卷而露出被有深红色假种皮的种子，假种皮味苦而带甜，果实成熟期4 ~ 9

个月。果长最短 5cm 左右，最长 13cm 左右，多数品种介于两者之间；果横径 2 ~ 6cm，是一般苦瓜的 1/15 ~ 1/10 大。

六、种子

山苦瓜种子较大、盾形、扁平，种皮较厚、两端有锯齿，表面有雕纹，为淡黄色、棕褐色和黑色，每果含种子 10 ~ 40 粒，以每果含 20 ~ 30 粒的品种居多，千粒重 50 ~ 270g，以 50 ~ 100g 常见。多数山苦瓜种子的大小为长 5 ~ 16mm，宽 2.5 ~ 9mm，厚 1.5 ~ 4.5mm。

第二节 山苦瓜对环境的要求

一、温度

山苦瓜喜温，较耐热，不耐寒。种子发芽适温为 28 ～ 32℃，温度在 20℃以下时发芽较慢，13℃以下发芽困难。幼苗生长适宜温度为 20 ～ 25℃，在 25℃左右约 15d 便可育成具有 4 ～ 5 片真叶的幼苗；如在 15℃左右，则需要 20 ～ 30d；在 10 ～ 15℃时植株生长缓慢；低于 10℃山苦瓜生长不良；当温度在 5℃以下时，植株显著受害。但温度稍低和短日照，发生第一雌花的节位提早。开花结果期适温要求 20℃以上，以 25℃左右为宜；15 ～ 25℃范围内温度越高，越有利于山苦瓜的生长——结果早，产量高，品质也好；30℃以上和 15℃以下对苦瓜的生长结果都不利。

二、水分

山苦瓜喜湿怕涝，生长期间需要 85% 的空气相对湿度和湿润的土壤环境。天气干旱，水分不足，植株生长受阻，果实品质下降。但也不宜积水，积水容易沤根，叶片黄化，轻则影响结果，重则植株萎凋死亡。

缺水症状

三、光照

山苦瓜属于短日照植物，喜阳光而不耐阴。经过长期的栽培和选择，现在山苦瓜对光照长短的要求已不太严格，可是若苗期光照不足，会降低对低温的抵抗能力。海南北部冬春季苦瓜遇低温阴雨天气影响，幼苗生长纤弱，抗逆性差，常易受冻害就是这个道理。山苦瓜开花结果期需要较强光照，光照充足有利于光合作用，提高坐果率，否则易引起落花、落果。

四、土壤和营养

山苦瓜对土壤的适应性较广，从沙壤土到轻黏质土壤均可。一般在肥沃疏松、保水保肥力强的壤土上生长良好，产量高。山苦瓜对肥料的要求较高，如果有机肥充足，植株生长粗壮，茎叶繁茂，开花结果就多，瓜也肥大、品质好。特别是生长后期，若肥水不足，则植株衰弱，花果就少，果实也小，苦味增浓，品质下降。山苦瓜需要较多的氮肥，但也不能偏施氮肥，否则抗逆性降低，从而使植株易受病菌侵染和发生冷害。在肥沃疏松的壤土里，增施磷钾肥，能使植株生长健壮，结瓜时间延长。

第三节 山苦瓜种子特性

一、种子发芽生理

1. 品种与发芽的关系

山苦瓜种子收获后半年之内的种子发芽率与品种间关系密切，在相同浸种时间（一般为 8 ～ 10h）、相同的温度条件下（30℃）保湿催芽，不同品种间的种子露白所需的时间相差非常明显。发芽快的品种如自交系山苦瓜和多数黑籽类山苦瓜种子，经 8h 浸种，40h、30℃的保湿催芽就可大量露白，而发芽慢的品种如野山苦瓜（地方品种），经过 72h 的保湿催芽才开始少量露白。

2. 发芽温度

山苦瓜种子发芽适温为 28 ～ 32℃，20℃以下发芽缓慢，刚采收的山苦瓜种子在 35℃左右也能快速正常发芽，37℃以上发芽明显受抑制，发芽率明显降低；而放置 2 年左右的陈籽，适宜的发芽温度为 26 ～ 30℃，超过 33℃发芽率明显降低，胚根发黄。山苦瓜属高温类品种，新、陈种子的发芽温度与中低温类品种（如茼蒿、葱等）相反，即新种子发芽需要较高温度，陈旧种子的发芽需要较低温度。所以收获后 0.5 ～ 1 年内的山苦瓜种子经 8 ～ 12h 的浸种，在 30 ～ 32℃的恒温条件下，经 36h 左右的保湿催芽，发芽快的山苦瓜品种就可大量露白。

二、种子贮藏生理

1. 种子的休眠性

从熟透的山苦瓜果实上收获的种子，经晾晒变干后，种子在适宜的发芽条件下均能发芽，但新种发芽慢，且不整齐，说明山苦瓜种子采收后，还要经过一段时间的生理后熟过程。保存良好的山苦瓜种子，一般在采收后 1 年左右发芽快且整齐。

2. 种子的贮藏温度与寿命

不同品种间的山苦瓜种子贮藏能力相差较大，且种子含水量越低贮藏时间越长。充分完熟的饱满种子在干燥防潮条件下常温贮藏，发芽率 50% 以上的保存年限为 5 ~ 10 年；在普通种子仓库里放置用塑料袋和编织袋包装的山苦瓜种子，发芽保存年限为 3 ~ 5 年；生产上大量种子的使用年限为 2 年左右。山苦瓜种子能耐低于 5% 含水量的超干贮藏，但种子贮藏温度低于 2℃时，有些山苦瓜品种的发芽率下降特别快。铝箔真空包装置于 2℃的贮库中，放置 5 个月，发芽率从 98% 降至 46%，而室温放置的为 82%；室温超干贮藏 25 个月，发芽率为 80%。

山苦瓜低温冷藏（2℃）发芽率迅速下降的原因，估计与种子含水量偏高（9% ~ 10%）有直接的关系，其次是种子带菌也会加速种子发芽率的下降，其三是不同品种间种子的贮藏能力不同。据笔者多年的观察测定，山苦瓜种子应属常命种子，在保存较良好的种子仓库里，山苦瓜种子正常贮藏时间为两年左右，而且完全成熟、籽粒饱满的种子发芽率高，贮藏寿命长，在一定的范围内种子含水量越低贮藏寿命越长，越容易发芽的种子贮藏寿命似乎也越长。

3. 种子贮藏时间与发芽率的关系

经充分干燥，在良好的种子仓库里放置 0.5 ~ 1 年的山苦瓜种子发芽快且整齐，发芽率有时会比新种还高。放置 2 年以上的种子发芽速度虽然较快，但发芽率开始下降，特别是新种发芽率在 90% 以下且发芽慢的品种，发芽率下降尤为明显。

4. 氧气

在低温干燥条件下贮藏，多数瓜菜种子的呼吸作用很弱，可在密闭条件下长期贮藏；而山苦瓜种子不同，需要换气贮藏，密闭贮藏会因氧气不足而降低种子的发芽率。

第四节 山苦瓜生长发育特性

一、种子发芽期

山苦瓜种皮虽然坚硬，但吸水能力还是比较强的，在30℃条件下，一般浸种6 ~ 12h，多数苦瓜品种都能达到适宜发芽的种子含水量。不同种子发芽快慢，与品种特性和种膜对氧气的通透性有关。对发芽慢的品种，在浸种前应将胚端的种壳压开，可增加种子的通透性，浸种可活化种子酶活性，加快种子萌发。

自种子萌动至第一对真叶展开为种子发芽期，时间需5 ~ 10d。山苦瓜种皮较厚，含有蜡质，在瓜类作物中是发芽较为困难的品种之一。

二、幼苗期

第一对真叶展开至第五对真叶展开，开始抽出卷须为幼苗期，时间需15 ~ 20d，这时腋芽开始活动。

三、抽蔓期

开始抽出卷须至植株现蕾为抽蔓期。山苦瓜的抽蔓期较短，如环境条件适宜，幼苗期结束前后现蕾，便没有抽蔓期。

四、开花结果期

植株雌花开放至山苦瓜采摘结束，由于山苦瓜是连续开花结果的作物，所以这一过程相当长，一般为60 ~ 180d。其中，雌花开放至初收13d左右；初收至末收依品种、栽培季节和环境差异很大，多数为40 ~ 150d。山苦瓜整个生长发育过程的长短，随品种和气候条件的不同而异，一般为100 ~ 150d，其中，春—夏—秋越夏栽培和海南的冬春季栽培稍长，为150 ~ 210d；而在夏秋季栽培则较短，约为100d。

在山苦瓜的生长发育中，自始至终茎蔓不断生长。抽蔓期以前生长缓慢，占整个茎蔓生长量的0.5%～1%；绝大部分茎蔓在开花结果期形成。在茎蔓生长中，随着主蔓生长，各节自下而上发生子蔓，子蔓生长至一定的程度，又可以发生孙蔓，如任其生长，茎蔓生长比较繁茂。随着茎蔓的生长，不断增加叶片数和叶面积。发芽期一对真叶的面积约35cm^2，占总叶面积1%以下，幼苗期约占3%，抽蔓期约占2%，开花结果期约占95%（其中，开花结果初期约占10%，中期约占60%，后期约占25%）。可见，同化器官主要在开花结果期，特别是开花结果中后期形成。早中熟山苦瓜品种一般主蔓在3～6节发生第一雄花，而在8～14节发生第一雌花。中晚熟品种多在15节后发生第一雌花。发生第一雌花后，每个节都能发生雄花或雌花，一般间隔4～8节发生一朵雌花，或者连续发生两朵或多朵，然后相隔多节再发生雌花；但主蔓50节以前，一般具有6～10朵雌花者居多。主蔓上每个茎节基本上都可以发生侧蔓，而以基部和中部发生的较早较壮。侧蔓第一节就开始生花，多数侧蔓连续发生多节雄花后才发生雌花，早熟品种第1～2节发生雌花的侧蔓较多，而中晚熟品种侧蔓第1～2节发生雌花的很少（低于20%）。观察夏秋苦瓜发现，主蔓雌花的结果率有随着节位上升而降低的倾向。产量主要靠第1～5朵雌花结果，而第5朵雌花以后的结果率很低。从调整植株的营养来看，摘除侧蔓，有利于集中养分提供主蔓的雌花坐果。在苗期2～4片真叶时，用50～100mg/L萘乙酸处理叶片1～2次，可使第一雌花节位降低，并可显著地提高雌雄花的比率。

山苦瓜结果能力强

第五节 山苦瓜的类型

一、按果皮颜色和光泽分类

按果皮颜色来分，有墨绿、深绿、绿、浅绿、黄绿、白绿、白等多种类型。果皮光泽按有无分类。

二、按果实形状分类

按果实形状来分，有短圆锥、短纺锤、短棒和近球形等。

三、按果实外观分类

一般长 4 ～ 10cm，横径 3.5 ～ 5cm。种子在果实中下部位，果实成熟时极易开裂掉出种子。果实表面有粒瘤、粒条瘤相间、尖刺瘤等，果皮的颜色随着发育程度不断变化，幼果期瓜色一般比商品瓜稍深；到了生理成熟期，均为红黄色。

四、按品种熟性分类

在一定环境条件下，商品瓜成熟的早晚不同。按照播种期到始收期的不同天数，可将山苦瓜种质的熟性分为 5 级，即极早熟、早熟、中熟、晚熟、极晚熟。

第六节　山苦瓜主要品种

一、山苦瓜地方品种

野生小苦瓜的植株、叶片、果实都比普通苦瓜小很多。叶片缺刻 3 ~ 7 裂，第一雌花节位为 6 ~ 16 节，雄花直径为 2.1 ~ 3.8cm，雌花率为 16.40% ~ 56.21%，单果质量为 2.3 ~ 41.2g，每亩产量为 1658.3 ~ 1921.6kg。野苦瓜和普通栽培苦瓜在蛋白质、水分和粗纤维含量方面差异不大，但维生素 C、钙和铁含量均明显高于普通栽培苦瓜，钙含量是普通栽培苦瓜的 5 ~ 7 倍，铁含量是普通栽培苦瓜的 9 ~ 36 倍。

在我国的四川、湖南、广西、云南等地都分布有野苦瓜，一般这些地区到了每年 6 ~ 8 月时就会看见很多人在路边摆摊出售。不过他们卖的野苦瓜并非都是绿色的，大多数是黄色的，这种颜色表示野苦瓜已经熟透了，里面的籽也可以吃。野苦瓜虽然个头小，但它的苦味却不是特别重，相反，比起人工种植的苦瓜，野苦瓜要更加清甜一些。野苦瓜个头一直都很小，哪怕老熟之后也只有普通苦瓜的 1/3 长。熟透的野苦瓜里面的瓜瓤很美味，红色的小籽清甜滑腻。苦瓜有清热解毒的作用，这种野苦瓜也不例外，而且它还能有效抑制高血压。很多老年人都喜欢把野苦瓜做成茶饮，这样可以品尝野苦瓜茶醇香爽口的味道。

二、山苦瓜杂交一代品种

如玉 45 号山苦瓜，是由福建省农业科学院亚热带农业研究所（原甘蔗研究所）以 BAL-22-31 × 山苦瓜 -45 组配而成的中熟杂交一代新品种。该品种长势较旺，抗病性强，低温生长性好，较耐高温，第一雌花节位平均 17 节，结瓜多，瓜皮为深绿色、尖瘤，商品瓜长 6cm 左右，横径 3cm 左右，商品瓜重 50g 左右，老熟瓜可达 200g 左右。两头较尖、橄榄状、有纵棱尖瘤，果形美观。以侧蔓结果为主，产量高，采收期长达 6 个月，每亩产量 4000kg 以上。适合煲汤和深加工开发。该品种烘干率为 8% ~ 10%，苦瓜中总皂苷含量 6.73%，是新翠苦瓜的 4.7 倍。

台湾花莲 4 号山苦瓜果很小，仅约 20g，口感接近野生苦瓜。台湾花莲 5 号山苦瓜果长约 10cm，果面具珍珠状微尖突起及条状突起，绿色、纺锤形，它具有野苦瓜特性，苦味适中。

第三章 DISANZHANG

营养成分与营养价值

山苦瓜口感别具风味，煮食更具清肝降火功效，能清热解毒，利尿。山苦瓜（以如玉 45 号为例）由于瓜小、外形美观而受到顾客的喜爱。据测定，山苦瓜的干物质含量达 92.2%，比普通苦瓜高出 1% ~ 2%；含可溶性固形物达到 5%，比普通苦瓜高出 20% 左右；每 100g 鲜品含维生素 C 152mg，含蛋白质 1.3g，分别比普通苦瓜高出 30% 和 32%。山苦瓜里面的苦瓜素成分相当高，是普通苦瓜的数倍至 10 倍之多。山苦瓜主要含有皂苷、酚类、脂肪酸和丰富的微量元素与矿物质，但对其化学成分的研究仍有待深入。随着提取分离、纯化和检测技术的进步，可以对山苦瓜各部分的化学成分进行更精准的结构鉴定，为进一步研究其生物活性和药理作用提供理论基础。

第一节 营养成分

一、皂苷类化合物

皂苷类化合物是山苦瓜的主要活性成分，存在于其茎、叶和果实中，可分为三萜皂苷和甾体皂苷。近年来从山苦瓜中主要分离出葫芦烷型、乌苏烷型和齐墩果酸型的三萜类成分。

山苦瓜的萜类化合物

分类	编号	化合物名称	化学式	提取部位
三萜	1	葫芦烷 −5− 烯 −3β,22,23,24,25− 四羟基 −3−β−D− 吡喃葡萄糖 (1−6)−D− 吡喃葡萄糖苷	$C_{42}H_{72}O_{15}$	果实
	2	3− 氧 − 苯甲酰 −11− 酮 − 乌苏酸	$C_{37}H_{50}O_5$	根部
	3	3− 氧 − 苯甲酰 −6− 酮 − 乌苏酸	$C_{37}H_{50}O_5$	根部
	4	27−nor−3β−hydroxy−7β−methoxycucurbita−5,23(E)−dien−25−one	$C_{30}H_{48}O_3$	果实
	5	27−nor−3β−hydroxy−5β,19−epoxycucurbita−6,23(E)−dien−25−one	$C_{29}H_{45}O_3$	果实
	6	23(E)−7β−methoxycucurbita−5,23,25−trien−3β−ol	$C_{31}H_{50}O_2$	果实
	7	5β,19−epoxy−25−methoxycucurbita−6,23(E)−dien−3β−ol	$C_{31}H_{51}O_3$	果实
	8	5β,19−epoxy−3β−hydroxy−19(S)−methoxy−27−norcucurbita−6,23(E)−dien−25−one	$C_{30}H_{46}O_4$	果实

续表

分类	编号	化合物名称	化学式	提取部位
三萜	9	3β-hydroxy-25-oxo-27-norcucurbita-6,23(E)-dien-5β,19-olide	$C_{29}H_{42}O_4$	果实
	10	5β,19-epoxycucurbita-6,23(E)-diene-3β,25-diol	$C_{30}H_{49}O_3$	果实
	11	5β,19-epoxy-3β-hydroxy-19(R)-methoxy-27-norcucurbita-6,23(E)-dien-25-one	$C_{30}H_{46}O_4$	果实
	12	5β,19-epoxycucurbita-6,23-diene-3β,19,25-triol	$C_{30}H_{48}O_4$	茎叶
	13	3β,7β,25-trihydroxycucurbita-5,23-dien-19-al	$C_{30}H_{48}O_4$	茎叶
	14	5β,19-epoxy-25-methoxy-cucurbita-6,23-diene-3β,19-diol	$C_{31}H_{50}O_4$	果实
	15	kaguaovins H	$C_{41}H_{64}O_{12}$	藤条
	16	kaguaovins I	$C_{41}H_{64}O_{12}$	藤条
	17	kaguaovins J	$C_{38}H_{62}O_9$	藤条
	18	kaguaovins K	$C_{40}H_{62}O_{10}$	藤条
	19	kaguaovins L	$C_{38}H_{62}O_{10}$	藤条
	20	kaguaovins M	$C_{31}H_{50}O_5$	藤条
	21	kaguaovins A	$C_{35}H_{54}O_7$	藤条
	22	kaguaovins B	$C_{34}H_{52}O_7$	藤条
	23	kaguaovins C	$C_{35}H_{54}O_7$	藤条
	24	kaguaovins D	$C_{34}H_{52}O_7$	藤条
	25	kaguaovins E	$C_{34}H_{52}O_5$	藤条
	26	kaguaovins F	$C_{34}H_{52}O_7$	藤条
	27	kaguaovins G	$C_{34}H_{52}O_7$	藤条
	28	(23E)-3β-O-malonyl-7β-hydroxy-25-methoxycucurbita-5,23-dien-19-al	$C_{34}H_{52}O_7$	藤条
	29	monordicine Ⅶ	$C_{34}H_{52}O_7$	藤条
	30	(23E)-3β-O-malonyl-7β,25-dihydroxycucurbitan-5,23-dien-19-al	$C_{33}H_{54}O_7$	藤条
	31	monordicine Ⅷ	$C_{35}H_{54}O_7$	藤条
	32	(23E)-3β-hydroxy7β,25-dimethoxycucurbita-5,23-dien-19-al	$C_{32}H_{52}O_4$	藤条
	33	3β-羟基-23-氧-齐墩果-12-烯-28酸-3-O-β-D-吡喃葡萄糖苷	$C_{36}H_{54}O_{10}$	根部
	34	3β-羟基-23-氧-齐墩果-12-烯-28酸-3-O-β-D-吡喃葡萄糖苷	$C_{36}H_{56}O_9$	根部
	35	3β,23-二羟基齐墩果-12-烯-28酸-3-O-β-D-吡喃葡萄糖苷	$C_{36}H_{58}O_9$	根部
甾体	36	α-菠甾醇-3-O　β　D-吡喃葡萄糖苷	$C_{35}H_{58}O_6$	根部
	37	α-菠甾醇硬脂酸酯	$C_{47}H_{82}O_2$	根部
	38	stigmasta-5,25-dien-3β-yl, β-D-glucopyranoside	$C_{35}H_{58}O_6$	果实
	39	β-stiosteryl glucoside	$C_{35}H_{60}O_6$	果实

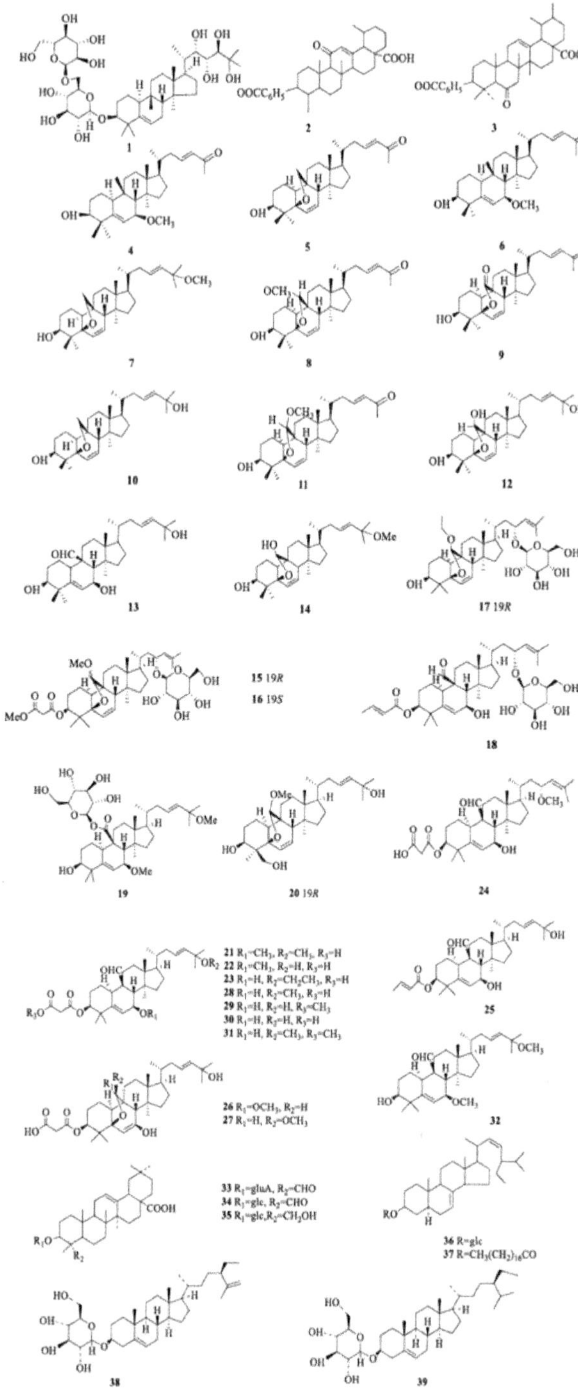

萜类化学结构

二、酚类化合物

山苦瓜中含有丰富的酚类，目前，Huang 等已成功分离出 10 种化合物。

山苦瓜的酚类化合物

编号	化合物名称	化学式
40	没食子酸	$C_7H_6O_5$
41	绿原酸	$C_{16}H_{18}O_9$
42	咖啡酸	$C_9H_8O_4$
43	阿魏酸	$C_{10}H_{10}O_4$
44	肉桂酸	$C_9H_8O_2$
45	杨梅素	$C_{15}H_{10}O_8$
46	槲皮素	$C_{15}H_{10}O_7$
47	木犀草素	$C_{15}H_{10}O_6$
48	芹菜素	$C_{15}H_{10}O_5$
49	麝香草酚	$C_{10}H_{14}O$

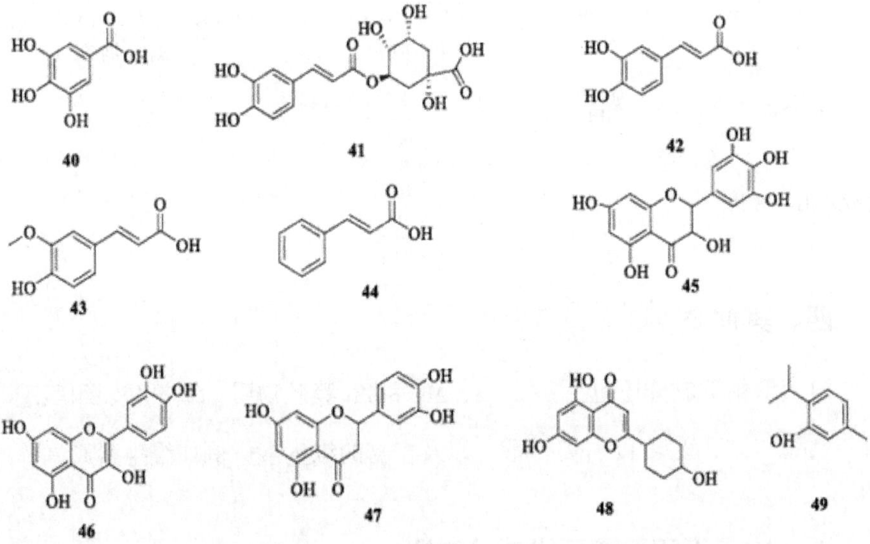

酚类化学结构

三、脂肪酸

山苦瓜籽油中脂肪酸组成较为简单，主要是十八碳的脂肪酸，质量分数约96.28%，其中不饱和脂肪酸约占64.51%。

山苦瓜的脂肪酸成分

编号	化合物名称	化学式	相对含量（%）
50	软脂酸	$C_{16}H_{32}O_2$	1.65
51	硬脂酸	$C_{18}H_{36}O_2$	31.78
52	油酸	$C_{18}H_{34}O_2$	5.52
53	亚油酸	$C_{18}H_{32}O_2$	3.86
54	共轭亚麻酸（α－桐酸、β－桐酸和石榴酸）	$C_{18}H_{30}O_2$	55.13

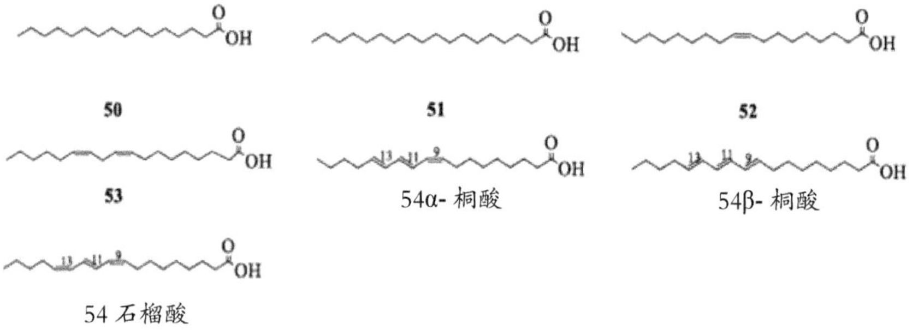

脂肪酸化学结构

四、其他类

山苦瓜化学成分还包括Fe、Ca、Mg和Zn等矿物质，缬氨酸、组氨酸、天门冬氨酸和谷氨酸等17种氨基酸，以及丰富的维生素，例如维生素C。

五、山苦瓜和普通苦瓜成分对比

山苦瓜作为苦瓜的变种，在营养成分、活性成分和氨基酸含量上略有不同。除此之外，山苦瓜中钙含量是普通苦瓜的5～7倍，铁含量是普通苦瓜的9～36

倍，维生素 C 含量是普通苦瓜的 1.2 倍。从下表中可以看出山苦瓜的活性成分含量大于普通苦瓜，这为进一步研究其药理作用提供了思路。

山苦瓜与普通苦瓜主要成分对比

样品	质量分数（%）					
	水分	灰分	粗蛋白	粗脂肪	多糖	粗纤维
山苦瓜	92.28	0.48	1.42	0.93	1.55	0.78
苦瓜	93.50	1.92	1.93	0.89	1.71	0.82 ± 0.24

山苦瓜和普通苦瓜活性成分对比

样品	质量分数 (mg/g)			总皂苷元提取率（%）
	总酚	总黄酮	总皂苷	
山苦瓜	139.35 ± 3.77	13.96 ± 0.89	6.04 ± 0.32	3.45
苦瓜	7.68	4.12	5.02	2.54

山苦瓜和普通苦瓜氨基酸对比

样品	质量分数（%）											
	天门冬氨酸	谷氨酸	丝氨酸	组氨酸	甘氨酸	苏氨酸	精氨酸	丙氨酸	酪氨酸	缬氨酸	蛋氨酸	苯丙氨酸
山苦瓜	9.63	12.51	5.39	2.97	5.16	3.98	20.13	4.44	3.87	4.63	0.56	4.50
苦瓜	1.45	1.22	0.57	1.18	0.44	0.69	0.03	0.68	1.39	0.48	0.60	0.56

第二节 营养价值

药理研究发现，山苦瓜和普通苦瓜有相似的药理活性，例如降血糖、抗糖尿病、抗氧化、抗癌、抗炎和抗菌等。由于山苦瓜所含有的化学活性成分较为丰富，其药理作用效果可能较为显著，现已证明在降血糖和抗氧化等药理活性上比普通苦瓜效果更好。山苦瓜的化学成分在体内外均产生至关重要的药理作用，可为食疗养生、预防疾病和临床药用等作用提供理论基础。

一、食用价值

山苦瓜以嫩果和成熟果实供食用，嫩果果肉柔嫩、清脆，味苦而清甘可口，这种特殊的口感风味有刺激食欲的作用。山苦瓜的成熟果实，苦味减轻，含糖量增加，但肉质变软发绵，风味稍差。另外，成熟果实内的血红色瓜瓤味甜清香，营养丰富，也可食用。山苦瓜做菜肴的方法多种多样，一般以炒食为主，先将鲜瓜洗净，纵向切开剔去瓜瓤和种子，再切成薄片或细丝，加入适量的肉片、肉丝、香菇或鸡蛋等配菜，并按不同口味要求，选加酱油、盐、酒、醋、糖、味精、辣椒等调料，放入油锅内煸炒。初食者大多不喜欢太浓的苦味，可先将切好的瓜片（丝）放入开水锅中氽一下，或放在无油的热锅中干煸片刻，或用盐腌一下，可减去苦味而风味犹存。山苦瓜除炒食外，也可炖食，可以加入各种肉类进行慢炖，放入 4 ~ 6 个山苦瓜，无须切片，不宜过多，否则会很苦，这样炖出来的汤清甘可口。同时，山苦瓜还可以煮食、焖食、凉拌食，还可加工成泡菜、渍菜，脱水加工成山苦瓜干，以长期贮藏供应冬春淡季。山苦瓜最重要的食用价值就是切片制成山苦瓜茶，开水冲泡当作茶饮。

二、药用价值

1. 降血糖和抗糖尿病

现有研究已证实，从山苦瓜分离出的皂苷、多肽及其水提物具有降血糖的作用。屈浩亮通过山苦瓜可溶性膳食纤维对四氧嘧啶型糖尿病模型鼠进行研究，表明高剂量组 1.0g/kg 给药后 3h 可明显降低糖尿病小鼠空腹血糖值，减缓糖尿病小鼠的体重下降。其降血糖的机制可能是通过减慢胃的排空速率，推迟食糜进入十二指肠，延缓营养物质的消化吸收并增加肠内容物黏度，降低其扩散速率；改变体内胰岛素的敏感性和内分泌调节作用。赵海雯通过山苦瓜皂苷对四氧嘧啶型糖尿病模型鼠进行研究，表明粗皂苷在低剂量 0.1g/kg、中剂量 0.2g/kg 有更好的降糖效果，可减缓糖尿病小鼠的体重下降，且不影响正常小鼠空腹血糖。其主要机理可能是皂苷通过改善受损的胰岛素细胞，降低血糖水平。袁晓晴对山苦瓜多肽降血糖进行研究，表明 MC2–1 是通过修复糖尿病小鼠胰岛 β 细胞、促进胰岛素分泌、增加肝糖原含量和提高小鼠抗氧化能力来降低血糖水平。其最主要的降血糖组分为 MC2–1–5，MC2–1–5 与普通苦瓜所含的降血糖肽不同，是一种新型的降血糖肽，它可以提高葡萄糖利用率，明显降低四氧嘧啶诱导的糖尿病小鼠的血糖水平，其机制可能是恢复延迟的胰岛素反应或抑制肠道葡萄糖吸收。

糖尿病是一种常见的代谢障碍疾病，以碳水化合物、脂肪和蛋白质代谢紊乱为特点，主要表现为空腹和餐后血糖水平升高。目前，越来越多的学者关注隐藏着丰富潜在作用的传统药用植物，以其作为膳食辅助或开发新的抗糖尿病药物，来缓解或治疗糖尿病。糖尿病患者中 α – 淀粉酶在碳水化合物消化和餐后血糖升高发挥着重要作用，因此抑制 α – 淀粉酶的活性可以降低餐后血糖，控制糖尿病。研究表明，山苦瓜醋酸乙酯提取物具有较高的 α – 淀粉酶抑制活性，从山苦瓜中提取出的蛋白质和多糖也具有明显的抑制作用。山苦瓜在降低餐后血糖值和预防糖尿病方面有良好的效果，有望成为预防或治疗 2 型糖尿病的替代药物。人体内主要有两种肠促胰素：葡萄糖依赖性胰岛素释放肽（glucose-dependent insulinotropic peptide，GIP）和胰高血糖素样肽 1（glucagon-like peptide-1，GLP-1），可以通过刺激内分泌胰腺分泌胰岛素，从而降低血糖，其中后者是治疗 2 型糖尿病的分子靶点。Huang 等通过水、醋酸乙酯和乙醇对山苦瓜进行提取，其中醋酸乙酯提取物具有较高的降血糖活性，可以刺激该肠内分泌细胞系分泌 GLP-1，刺激胰岛素生物合成和胰岛素敏感性；促进胰岛 β 细胞增殖、抑制胰高血糖素分泌。Chang 等通过对山苦瓜果实的甲醇提取物进行研究，表明 (23E)-5β,19-epoxycucurbita-6,23 diene-3β,25-diol、5β,19-epoxy-25-methoxy-cucurbita 6,23-diene-3β,19-diol 和 5β,19-epoxy-19,25 dimethoxycucurbita-6,23-dien-3β-ol 具有降血糖活性，能够促进胰岛素抵抗，阻止细胞摄取葡萄糖。其降血糖机制是通过激活 AMP 依赖的蛋白激酶 [adenosine 5’-monophosphate (AMP)-activated protein kinase，AMPK] 进行降血糖，其降血糖效果高于药物曲格列酮，且不具备胰岛素依赖性。AMPK 的激活被认为是治疗糖尿病药物研发的新靶点，对代谢综合征和糖尿病治疗策略有新的价值。目前，袁宝君等通过研究山苦瓜胶囊的人体试食试验，表明山苦瓜对糖尿病患者具有保健作用，可改善患者多尿、多饮、乏力等症状，为其进一步临床研究提供了可能。

山苦瓜分离出的皂苷、可溶性膳食纤维、多肽和蛋白具有降血糖的活性，其提取物可通过抑制 α-淀粉酶活性、提高 GLP-1 分泌和激活 AMPK 等途径进行抗糖尿病，但山苦瓜提取物中哪种单体物质起作用尚未清楚，作用机制是否具有联系，仍需进一步整体研究。大部分作者采用四氧嘧啶型糖尿病模型鼠研究降血糖作用，但四氧嘧啶所引起的小鼠血糖水平的升高是其对多种脏器损害的综合结果，与糖尿病的临床发病还是有一定距离的，且如果用该模型进行降糖药物的筛选，在一定程度上会造成假阴性的结果，可选用其他药物进行糖尿病鼠模型的建立，如链脲佐菌素，来研究其降血糖的作用机制与途径，为降糖药物的筛选和开发提供理论基础。

2. 抗炎作用

炎症是组织的损伤和感染，可导致机体局部组织的变质、渗出和增生。抑制炎症介质的过度产生，如促炎细胞因子，可以预防和抑制多种炎症性疾病。脂多糖诱导炎症小鼠喂养 1%、2%、10% 比例的山苦瓜冻干粉，可使其机体内环氧化酶 -2（cyclooxygenase-2，COX-2）、诱导型一氧化氮合酶（inducible nitric oxide synthase，iNOS）和核因子 κ B（nuclear factor κ B，NF- κ B）的蛋白表达水平显著下降，从而导致下游炎症介质前列腺素 E2（prostaglandin E2，PGE2）和一氧化氮（nitric oxide，NO）的浓度降低，此外，抗炎细胞因子白细胞介素 -10（interleukin-10，IL-10）升高，促炎细胞因子肿瘤坏死因子 - α（transforming necrosis factor- α，TNF- α）、IL-1 和 IL-6 的浓度降低，从而达到抗炎效果，且抗炎效果高于苦瓜。Kung 等研究表明山苦瓜果实中含有 α - 桐酸可使 CDGSH 铁硫结构域 2（CDGSH iron-sulfur domain 2，CISD2）上调，从而抑制了胶质细胞的异常活化，发挥抗炎作用；也可作为过氧化物酶体增殖物激活受体 - β（peroxisome proliferator activated receptor- β，PPAR- β）的配体，活化 PPAR- β 并抑制 NF- κ B 信号通路，发挥抗炎作用。

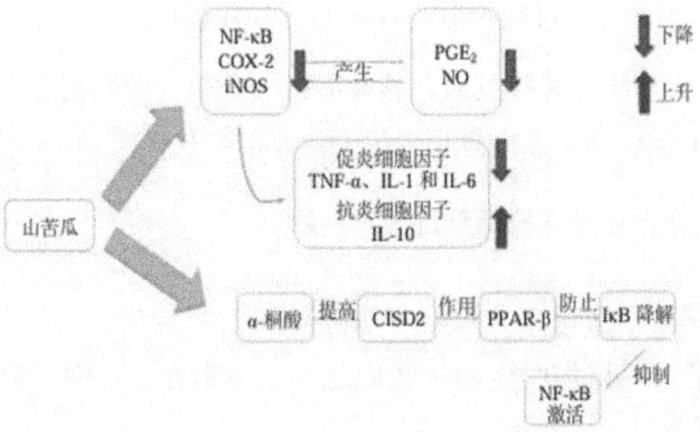

山苦瓜抗炎作用

痤疮常见于青少年，是一种常见的皮肤炎症。痤疮丙酸杆菌可诱导小鼠炎症反应，形成炎症痤疮模型，使促炎细胞因子释放，其中IL-8是主要的炎症介质，参与痤疮皮损中的炎症反应。Huang等通过对山苦瓜叶总酚提取物研究，表明0.5mg的总酚可显著降低小鼠炎症痤疮模型中小鼠耳的厚度和重量，并对细胞浸润具有控制作用，使中性粒细胞数量和IL-1β+群体迁移显著降低，抑制了IL-8、IL 1β 和TNF-α 的产生，进而减弱对痤疮的微脓肿反应。其抗炎机制可能通过分裂素原活化蛋白激酶（mitogen-activated protein kinases，MAPK）通路中抑制细胞外信号相关激酶、p38丝裂原活化激酶和c-Jun氨基末端激酶（c-Jun N-terminal kinase，JNK）的磷酸化，以及通过抑制p65的转位来抑制NF-κB的活化。从山苦瓜叶的总酚中共鉴定出10种多酚类化合物，其中当剂量为10μmol/L时，绿原酸、阿魏酸、杨梅素和麝香草酚对人单核细胞白细胞产生IL-8的抑制效果最强，从而抑制炎症反应。Hsu等通过对山苦瓜果实的研究，表明其含有植物醇（二萜）和叶黄素（类胡萝卜素），可以使过氧化物酶体增殖物激活受体-α（peroxisome proliferator activated receptor-α，PPAR-α）或PPAR-γ 激活，表现出抗炎效果，有效地抑制了痤疮丙酸杆菌诱导的炎症。另外，山苦瓜在其他一些疾病中也发挥着抗炎作用，例如牙周炎、炎症性肠病、中枢神经系统疾病和纤维化等。

山苦瓜可以通过调节NF-κB、MAPK和PPAR信号通路，促进抗炎因子产生及抑制促炎因子产生，进而抑制炎症和炎症性疾病。目前，山苦瓜已分离出酚类、α-桐酸、植物醇和叶黄素，其具有抗炎效果，但其仍存在一些活性成分及抗炎作用机制尚未明确，因此，需要进行更深层次的分析和研究，以期开发出能够抑制机体炎症反应的新型抗炎类药物。

3. 抗菌作用

抗菌活性是药用植物的生物学效应之一，与皂苷、单宁、黄酮等重要化合物有关。山苦瓜含有的皂苷、鞣质、黄酮类具有抗菌活性，对大肠杆菌和金黄色葡萄球菌具有明显的抗性，其提取物可作为治疗某些细菌感染的途径，另外，也可作为一种安全的天然防腐剂替代目前的合成防腐剂。Nguyen 等通过山苦瓜的氯仿提取物对供试菌进行抑菌实验，结果表明其对黑曲霉的最低抑菌浓度为 100 μ g/mL，对大肠杆菌和枯草芽孢杆菌的最低抑菌浓度均为 200 μ g/mL，并从活性成分中分离出四种化合物（23E）5 β ,19–epoxycucurbita–6,23,25–trien–3 β –ol、5 α poriferasta–7,25–dien–3 β –ol、3–O–(6’–O–palmitoyl– β –D glucopyranosyl)–clerosterol 和 octadecan–1–ol。

山苦瓜对大肠杆菌和金黄色葡萄球菌等食品常见菌群具有抑制作用，这为食品的防腐保鲜提供理论基础，在此基础上，可以研究山苦瓜存在的哪种活性成分具有重要作用，研究对其他食品腐败菌是否具有同种作用。这为进一步研究动物实验及作用机制提供思路，为今后的临床治疗和日常生活提供了参考。

4. 抗癌作用

李祖强等从山苦瓜干燥块根成功分出 5 种具有抗癌活性的物质，分别是 α –菠甾醇 –3–O– β –D– 吡喃葡萄糖苷、丝石竹皂苷元、常春藤皂苷元、拜俄尼酸和雪胆甲素。傅伟昌等从山苦瓜籽油中分离出含共轭亚麻酸的三酰甘油组分，对人体肿瘤细胞株具有选择性的细胞毒性或细胞抑制活性。Bai 等从山苦瓜分离出 3 β ,7 β ,25–trihydroxycucurbita 5,23(E)–dien19–al（TCD），可通过 PPAR– γ 非依赖性方式抑制乳腺癌细胞 MCF–7 和 MDA–MB–231 的增殖，在 72h 时，IC_{50} 值分别为 19 μ mol/L 和 23 μ mol/L。此外，还可以调节 Akt–NF– κ B 信号传导、激活 p53 磷酸化、产生活性氧（reactive oxygen species，ROS）、增加雌激素受体 β（estrogen receptor beta，ER β）拮抗 ER α 诱导的细胞增殖及抑制组蛋白去乙酰化酶的活性，诱导乳腺癌细胞凋亡。此外，山苦瓜根片对防止恶性肿瘤术后复发也表现出了一定疗效。

山苦瓜目前仅在细胞实验中证实具有抗癌活性，若想进一步研究其作用机制，可以利用网络药理学探索山苦瓜活性成分及抗癌的作用机制，结合动物实验进行机制研究，这为癌症患者的抗肿瘤制剂的研发提供了转化价值。此外，也可研究对其他癌症的抑制效果，扩大山苦瓜的药用价值。

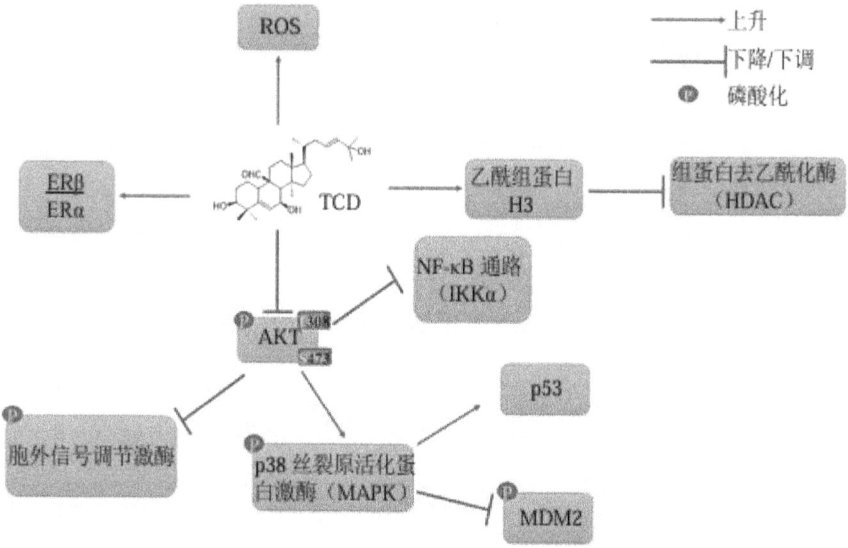

TCD 抗癌作用机制

5. 抗氧化作用

自由基是导致各种慢性和神经性退行疾病的主要原因，引起的疾病包括衰老、冠心病、炎症、中风、糖尿病和癌症。ROS 可引起细胞损伤，引发生物膜中多不饱和脂肪酸的过氧化和组织损伤。山苦瓜中含有酚类、维生素 C 可以减少自由基的产生，起到抗氧化的作用。山苦瓜的醇提取物由于含有黄酮类和酚类，具有 1,1- 二苯基 -2- 三硝基苯肼（2,2 diphenyl-1-picrylhydrazyl，DPPH）自由基清除活性和铁螯合活性，效果比维生素 E 更强，被认为是有效的次级抗氧化剂。山苦瓜叶提取物对 DPPH 自由基的清除活性和抑制超氧阴离子呈浓度依赖性，且具有 NO 清除活性。其在紫外线照射下，可以抑制 ROS 产生，达到抗氧化的作用，从而减轻紫外线引起的氧化应激和氧化应激介导的皮肤疾病。此外，山苦瓜叶提取物可以抑制酪氨酸酶活性和细胞内黑色素的形成，为皮肤美容美白和治疗色素沉积提供理论基础。在抗氧化作用方面，山苦瓜汁中含有苯丙氨酸、色氨酸、Balsaminoside C 等物质。色氨酸是众所周知的抗过氧自由基的抗氧化剂，可以通过电子转移机制或氢原子转移来发挥其抗氧化能力；苯丙氨酸具有酚羟基，具有 DPPH 清除活性和铁离子还原力；Balsaminoside C 是葫芦烷型三萜类化合物，可作为抗氧化剂治疗活性氧诱导的疾病。此外，山苦瓜中含有丰富的精氨酸，其可通过增加机体 NO 的产生，提高超氧化物歧化酶和血清谷胱甘肽过氧化物酶的活性，降低血清丙二醛水平，进而发挥抗氧化作用。

山苦瓜分离出的酚类、黄酮类、苯丙氨酸、色氨酸、精氨酸、Balsaminoside C 和维生素 C 等活性成分具有抗氧化作用，未来可作为一种良好的抗氧化剂，治疗由自由基引起的疾病。目前，仍要对山苦瓜活性成分进一步研究，找到更多具有抗氧化活性成分的物质，并研究其抗氧化作用机制，以期将其应用到化妆品行业和临床药用，如美容美白、延缓衰老和清除体内自由基，进而维持机体健康。

三、其他价值

山苦瓜果实通过醋酸乙酯提取，使叶绿素降解为 2 种化合物 pheophorbide A 和 pyropheophorbide α，可减少 T3-L1 脂肪细胞中脂质的积累，其中两者抑制脂质蓄积 50% 的浓度分别为 16.05 μmol/L 和 7.04 μmol/L。另外，研究还表明 2 种化合物对分化的脂肪细胞比未分化前的脂肪细胞毒性更大，因而具有降低脂质积累的抗脂肪生成活性。山苦瓜提取物可以降低小鼠急性运动模型运动后血乳酸、血氨水平，升高血清中的葡萄糖来延缓疲劳，增强运动能力，还可降低谷丙转氨酶、血尿素氮、尿酸水平和白色脂肪组织重量，提高血清总蛋白水平，具有增强营养吸收、减少脂肪生成和肝脏保护的作用。此外，山苦瓜还具有改善代谢综合征（Metabolic Syndrome，MetS）的作用，Tsai 等通过对 42 名 MetS 患者（男 21 例，女 21 例）补充 4.8g/d 冻干的山苦瓜粉末，3 个月后显著降低了 MetS 发病率（$P < 0.01$），且这种改善状态在补充停止后还能保持 1 个月。综上所述，山苦瓜可以改善健康和减少脂肪生成，可以作为增强能量储存的营养补充剂和一种膳食补充剂，将其制成的胶囊，可以改善 MetS 和降低 MetS 发病率。

山苦瓜作为一种药用植物资源，含有丰富的化学成分，包括皂苷类、酚类、脂肪酸和丰富的微量元素与矿物质，其作为苦瓜的野生变种，在活性成分和氨基酸含量上较为丰富。药理学研究表明，山苦瓜和普通苦瓜有相似的药理活性，包括降血糖、抗糖尿病、抗氧化、抗癌、抗炎和抗菌等，且在降血糖和抗氧化等药理活性比普通苦瓜效果更佳。此外，山苦瓜还具有降低脂质积累、减少脂肪生成、增强营养吸收、缓解疲劳、改善代谢综合征和肝脏保护的作用。相比于普通苦瓜，山苦瓜的活性成分及药理作用的研究仍处于起步阶段，在未来，可以在苦瓜研究的基础上，对山苦瓜的化学成分与药理作用进一步研究。随着山苦瓜成分的纯化、分离和鉴定，会分离出更多的生物活性物质，其功能因子的提取和在不同疾病模型的机制研究是下一阶段的研究重点。目前，关于山苦瓜药理的研究仍需要进一步深入，其抗菌、抗癌等大多数研究仍停留在细胞水平，动物实验和作用机制研究较少；其抗糖尿病、抗炎和抗氧化等研究主要涉及单信号通路和单个靶点的相互作用，未整体分析各药理作用与信号通路和靶点的相互联系，可通过网络药理学进行作用机制的预测来进一步分析和研究，为临床药物的开发提供理论依据。如果要进行临床研究和药物开发，山苦瓜提取物是否具有毒性、有效性及对患者的剂量关系是下一阶段的研究重点。此外，山苦瓜作为一种药食同源物质，未来也可将其应用到食品和保健品行业中，例如将活性成分添加到食品中，可用作防腐剂，延长食品货架期；添加到功能食品中，具有减肥、抗衰老等作用，以及增强机体免疫力和预防疾病的作用。

第四章 DISIZHANG

山苦瓜育苗技术

第一节 育苗基本常识

一、壮苗的概念

对于生产者来说，首先应能从外表特征上区分出壮苗、徒长苗和老化苗。一般地说，壮苗的共同特征是：生长健壮，高度适中，茎粗节短；叶片较大，生长舒展，叶色正常或稍深有光泽；子叶大而肥厚，子叶和真叶都不过早脱落或变黄；根系发达，尤其是侧根多，定植时短白根密布育苗基质块的周围；秧苗生长整齐，既不徒长，也不老化；无病虫害。山苦瓜壮苗形态特征：在南方，苗龄在 20 ~ 30d 达到 3 叶 1 心或 4 叶 1 心；在北方，苗龄在 30 ~ 40d 达到 4 叶 1 心或 5 叶 1 心，同时子叶小而厚，叶色绿，子叶完好；整株生长健壮，茎粗，节间短，根系多而密。壮苗一般抗逆性强，定植后发根快，缓苗快，生长旺盛，开花结果早，产量高，是理想的幼苗。

徒长苗的特征是：茎蔓细长，叶薄色淡，叶柄较长，真叶多在 5 片以上进入抽蔓期，往往是由于天气原因，致使苗床水分较足，无法及时定植造成的，徒长苗抗逆和抗病性相对较差，定植后缓苗慢、生长慢，比壮苗开花结果推迟。

老化苗茎细弱发硬，叶小发黄，根少色暗。老化苗定植后返苗慢，尤其是大株老化苗，定植后返苗非常慢，雌花分化迟且少，开花结果迟，结果期短，产量低。生产上最好不使用山苦瓜老化苗。

二、山苦瓜壮苗的标准

全株无病虫害；子叶齐全完整，小且厚，色深绿；茎粗，节间短；真叶平展、深绿，植株无徒长；根系白色，多且密集；炼苗好，定植后能迅速发生新根，正常生长。一般北方苗龄 40 ~ 45d，具有 4 ~ 5 片真叶；南方苗龄 25 ~ 30d，具有 3 ~ 4 片真叶。

三、山苦瓜幼苗的特点

1. 根系发达，容易木栓化

瓜类作物的共同特点是根系比较发达，但容易木栓化，受伤后恢复得慢，所以育苗过程中要注意以下几点。一是苗龄不宜太长，一般控制在 30 ～ 45d，尤其是秋冬茬栽培用苗，育苗期地温高，根系更容易木栓化，苗龄更需严格控制，在福建苗龄一般控制在 15 ～ 18d；二是采用有容器的护根育苗，个别的还需要采用纸袋育苗，定植时可以减少伤根。

2. 茎蔓生，容易发生徒长

由于瓜类的茎为蔓生，木质化程度差，叶片硕大，极易发生徒长，所以育苗时，一是要保证足够的营养面积，二是夜间温度不能高，三是苗龄不要太长。

3. 瓜苗娇嫩，抗逆性差

瓜类蔬菜的幼苗对不良环境条件的适应能力差，尤其是山苦瓜苗更容易受到低温、高湿、有害气体（如酒糟气味等）的危害和病害侵染，在管理过程中要格外小心。此外，瓜类蔬菜营养生长和生殖生长同时进行。瓜类喜温，育苗要有足够的温度保证。

四、山苦瓜育苗关键技术

1. 适宜苗龄

山苦瓜定植的适宜生理叶龄低温季为 4 叶 1 心，高温季为 2 ～ 3 叶 1 心。其日历苗龄会因育苗期的温度条件而异：秋冬茬一般是 15 ～ 25d，越冬一大茬一般是 30 ～ 40d，冬春茬多为 40 ～ 50d。

2. 适宜播期

日光温室山苦瓜的适宜定植期要根据上市期、上茬作物腾茬时间和所创造温度条件允许的定植期等确定。有了适宜定植期，就可以根据需要的具体苗龄来确定育苗的适宜播种期。日光温室各茬重点供应期：秋冬茬主要解决露地秋延后和大棚秋延晚结束之后的市场供应，时间主要是 11 ~ 12 月；越冬一大茬主要是解决冬季和早春（春节前后）的供应，时间是 1 ~ 3 月；冬春茬重点是解决越冬一大茬之后到大棚春茬提早上市前的市场供应，时间是 3 ~ 4 月。

3. 秋冬茬育苗的关键

秋冬茬一般是在露地搭高棚遮雨避露育苗。时值夏末秋初，温度条件好，浸种催芽一般没有问题，关键是要避开鼠害。育苗成败主要取决于 4 个方面：一是要有效地防治好山苦瓜霜霉病；二是要搞好病毒病的预防；三是保证足够的光照和水分供应；四是严格控制生理苗龄不超过 3 叶 1 心。从防病和提高植株的耐低温能力出发，秋冬茬的山苦瓜目前已经开始采用嫁接育苗。

4. 越冬一大茬育苗的关键

越冬一大茬目前都是采用嫁接育苗。育苗通常在温室内进行，温度条件没有问题，成功率极高。主要把握住砧木苗和接穗苗的播期和嫁接适期。嫁接失败通常是因为砧木苗超过了嫁接适期，茎中出现了空腔。嫁接和嫁接后的管理，必须严格按照技术要求进行。

5. 冬春茬育苗的关键

冬春茬育苗是日光温室山苦瓜栽培中技术难度最大的。难就难在温度低，或出苗不好，或出苗后受到低温连续阴天的影响，而难以培育出健壮的秧苗，甚至失败。故在技术上要把握住以下 5 个关键：一是床土要严格按照技术要求配制，确保质量；二是苗床要有可靠的温度保证，必要时可以增加灯泡、热水管、热水瓶等辅助补温设备；三是播种一定要选在晴天，并能保证在播后有一个较长时间的晴好天气；四是温度管理要严格按照山苦瓜幼苗生长的需要进行；五是搞好苗病防治。

冬春茬目前采用嫁接育苗的还比较少。原因是一般的育苗设施很难保证满足嫁接愈合期的温度，偶遇连续阴天只能前功尽弃。在福建南部、海南连作地土传病害较严重的地区，这茬山苦瓜目前多采用嫁接栽培，主要是依靠设施条件好的大型育苗场进行。

6. 秧苗形态和生育诊断

发芽期外界条件适宜，生长发育好，幼苗下胚轴距地 3 ~ 4cm，播后 4d 两片子叶呈 75° 角张开，经 5 ~ 6d 展为水平状。两子叶肥大，色浓绿，叶缘稍上卷，呈匙形。此期可能出现的生育异常有如下 10 种情况。

①长相异常。播后胚根不下扎且变粗；或苗子叶小而扭曲，子叶下垂，根发锈色，叶缘呈黄色暗线；或从子叶开始，叶片由下而上逐渐干枯脱落，直至只剩下顶部少数新生小叶（生理性枯干）。上述症状多由地温低引起。

②植株生长缓慢，子叶小，叶缘下卷，呈反转匙形。这往往是由于气温低引起的。迅速降温造成冻害时，可能出现子叶叶缘上卷、变白枯干的现象。

③揭苫后苗子打蔫，回苫后很快恢复。这往往是在连阴骤晴或雪后骤晴时发生。由于连阴天土壤热量散失过多，地温低或引起寒根、沤根或引起植物体生理活动紊乱，或因缺光使植株饥寒交迫，或因揭苫后气温升得快，地温升得慢，地温与气温不协调。植株主动吸水能力低下，蒸腾失掉的水分得不到及时补充。若揭苫后处理不及时，很可能造成大批幼苗猝倒或凋萎死亡。

④苗子上午打蔫，叶片呈焦枯状，可能是阳光过强引起的灼烧，或地温低且土壤湿度大引起的沤根所致。

⑤苗茎长而细弱，叶片薄而色淡，手握有柔软感，多是因夜温高引起的。

⑥幼苗萎缩不长，叶片老化僵硬，叶色墨绿，可能是因为土壤水分不足造成的。

⑦叶片与叶脉夹角小，叶脉间叶肉隆起，叶片发皱，叶色墨绿，叶面积小，多为夜温过低所致。

⑧茎与叶柄夹角小，叶柄呈直立状，而叶片与叶柄夹角大，叶柄长，叶片大而薄，叶缘缺刻小，几乎呈圆形叶，此为夜温高造成的。

⑨叶柄与茎夹角大，节间短，茎和叶片生长均受到一定抑制，从而使叶面积变小。肥料过多或连阴天光照不足时，都可能出现上述长相。

⑩主茎笔直伸长，茎和叶柄夹角小，叶柄稍直立，但叶柄并不长，叶色发淡。这是由于水分多而肥料不足，植株单靠水分维持生长。与夜温过高引起相类似长相的最主要区别点，是其叶柄短。

通常壮苗的植株呈长方形，节间长度适中，叶面积大，叶缘缺刻少而浅。而徒长苗的植株呈倒三角形，节间长，叶面积大。老化苗的植株为正方形，节间短，叶面积小。

第二节　常规育苗

一、山苦瓜育苗基质

1. 山苦瓜育苗基质配方

（1）无机基质

一是 100% 沙子。用直径 2mm 或 0.6mm 的干净沙子作为基质。二是蛭石 + 珍珠岩（1 ∶ 1）。蛭石质轻，含多种微量元素，但浸水后通透性较差，与珍珠岩配合使用效果很好。

（2）有机基质

一是 100% 草炭。草炭由植物残体腐化分解而成，富含有机质，同时草炭质轻，保水、保肥性好。二是 100% 木屑或 100% 锯末基质或木屑与锯末按一定比例混合。木屑和锯末保水性好，质地轻，是很好的育苗基质，但其分解速度较快，使用一段时间后要及时更换新料。三是 100% 食用菌废弃培养料。有机质含量丰富，透水、透气性好。四是稻壳、玉米秸、花生壳（粉碎）等一种或多种与腐熟有机肥（猪粪、牛粪等）按 1 ∶ 1 比例混合。稻壳、玉米秸、碎花生壳质轻，吸水保水性好，通透性好，加入有机肥后，是很好的育苗基质。

（3）混合基质

一是蛭石或珍珠岩与草炭按 1 ∶ 2 或 1 ∶ 3 的比例混合。蛭石和珍珠岩有良好的通透性与有机质含量丰富的草炭混合，是很好的育苗基质。二是草炭、细炉灰、细沙土按 6 ∶ 2 ∶ 2 的比例混合。炉灰与细沙的通透性结合有机质丰富的草炭，是良好的育苗基质。三是蛭石、草炭、食用菌废弃培养料按 1 ∶ 1 ∶ 1 的比例混合。此基质通透性好，保水保肥能力强，营养物质含量丰富。四是草炭、蛭石、炉灰（渣）按 3 ∶ 3 ∶ 4 的比例混合。此基质通透性好，营养较为丰富。

（4）其他基质

有机基质与无机基质的配比8∶2至2∶8范围内均可。如草炭与炉渣4∶6，向日葵秆粉、炉渣、锯末5∶2∶3，沙子、锯末、向日葵秆粉8∶1∶1，细沙、草炭、炉渣、锯末、向日葵秆粉5∶1.5∶1.5∶1∶1，等等。

2. 山苦瓜育苗基质消毒方法

育苗基质的消毒是基质配制的重要环节，主要方法有以下几种。

（1）甲醛消毒

播种前20d，用40%甲醛200～300mL，加水25～30L，消毒基质1000kg。在基质配制时边喷边混合，充分混匀后盖上塑料薄膜，堆闷7d后揭去覆盖物，再摊开晾7d左右，待气味散尽即可使用。为加快气味散发，可将土耙松。此法可消灭猝倒病、立枯病和菌核病病菌。

（2）高温消毒

夏秋高温季节，把配制好的基质放在密闭的大棚或温室中摊开（厚度10cm左右较适宜），接受太阳光的暴晒，使室内土壤温度达到60℃，连续7～10d，可消灭基质中的猝倒病、立枯病、黄萎病等大部分病菌。

（3）化学药剂喷洒床面消毒

用50%多菌灵可溶性粉剂或70%敌磺钠可溶性粉剂4～5g，加水溶解，喷洒到面积为1.2m、厚7～10cm的基质上，翻拌均匀。加水量以床土湿润情况而定，以充分发挥药效。

3. 山苦瓜育苗基质配制方法

无机基质要选用大小适宜的颗粒，有机基质如果使用作物秸秆，在使用前要粉碎，并进行检查，不能使用发霉变质的。基质选好后，按照配比进行充分混合，混合后进行消毒处理。

为了保证基质营养充足，避免幼苗出现营养不良，应在有机基质和混合基质中，按每立方米基质混入干鸡粪5～10kg和磷酸二铵、硝酸铵、硝酸钾各0.5kg。

二、播种前的种子处理

1. 种子消毒

山苦瓜种子表皮上常附有多种病原菌，带菌的种子播种后，会导致幼苗或成株发生病害。因此，播种前必须进行种子消毒。常用的方法有以下几种。

（1）种子粉衣处理

使用此方法进行种子消毒，注意用药量不能过大，药粉用量过多会影响种子发芽，过少则效果差，所以要严格掌握用药量，一般用药量为干种子重量的0.1% ~ 0.4%，多数为0.3%，并使药粉充分附着在种子上。常用的药剂有70%敌磺钠粉剂、50%福美双、多菌灵等。拌过药粉的种子一般是直接播种，不宜放置过久。

（2）药液浸种

将种子放入配制好的药液中，以达到杀菌消毒的目的。其方法很多，常用的有25%苯来特可湿性粉剂或者50%多菌灵可湿性粉剂500倍液浸种1h。如预防黄萎病、炭疽病、黄瓜疫病、枯萎病、黑星病、蔓枯病，用40%甲醛100倍液浸种30min。药液浸种要求严格掌握药液浓度和浸种时间。药液浸种后，立即用清水冲洗去种子上的药液，催芽播种或晾干备用。

2. 浸种处理

山苦瓜的种子表皮厚而坚硬，通透性差，如果直接将种子播到大田，发芽缓慢，幼苗出土参差不齐，缺苗率比较高。因此，播种前应进行浸种催芽。

（1）温汤浸种

将种子浸入55 ~ 60℃的温水中，边浸边搅动，并随时补充温水，保持55℃水温10min后，再倒入少许冷水使水温降至30℃左右进行浸种，浸种时间为8 ~ 10h。山苦瓜种皮虽然坚硬，但吸水能力还是比较强的，在30℃条件下，一般浸种6 ~ 12h，多数山苦瓜品种都能达到适宜发芽的种子含水量，不同种子发芽快慢与品种特性和种膜对氧气的通透性有关。

（2）低温或变温处理

为增强发芽种子和幼苗的抗寒性，可将浸种后刚刚开始萌动（裂嘴）但尚未出芽的种子连同布包或容器先放在 8 ~ 10℃的环境下 12h，再放到 20 ~ 25℃下 12h，在这样的高低温环境下交替放置 3 ~ 5d。经低温或变温处理的种子，发芽粗壮，幼苗抗寒力增强，并能促进早熟和提高早期产量。另外，催好芽的种子，如果因天气等原因不能立即播种时，可放在 15℃的低温条件下抑制芽的伸长，等待播种。

3. 催芽

种子经浸泡后，放置在适宜的温度下使其发芽。催芽过程主要是满足种子萌发所需要的温度、湿度和氧气条件。目前，山苦瓜催芽常采用恒温催芽法和变温催芽法。

（1）恒温催芽法

将浸过的山苦瓜种子捞起，稍晾一下即可用多层潮湿的纱布或毛巾等包起，放入 28 ~ 32℃的恒温箱中催芽。如果没有恒温箱，则可把山苦瓜种子放入一个瓦缸或铁桶内，上挂一盏 40 ~ 60W 的电灯，日夜加温，缸口要加盖，以保持恒温环境。将一温度计放入瓦缸或铁桶内，使温度保持在 28 ~ 32℃。催芽时应每天早晚检查，如果缸内温度低则增加灯泡，如果温度偏高就改用低瓦数的灯泡（有条件的可用控温仪来控温，效果会更好）。种子干燥时应喷水，使种子保持湿润。山苦瓜种子经过浸种和适温催芽，30h 即开始发芽，3 ~ 5d 多数品种可发芽完全。催芽过程中要每天勤检查，把已发芽的种子挑选出来，进行播种。如果未发芽的种子表面有黏液或已长出霉菌，则应及时用温水洗净后再催芽，直至完全出芽为止。

（2）变温催芽法

由于山苦瓜种子壳厚而坚硬，尤其是新采收的种子，需要较高的发芽温度，恒温催芽时往往会出芽缓慢，发芽势低，发芽时间长。用变温催芽法，可使种子出芽加快，发芽率及发芽势提高。其具体做法：先将浸种好的种子稍晾一下，装入拧干的小纱布袋中，然后放入备好的塑料袋中，把袋口扎好密封，再将塑料袋放置在 33 ~ 35℃的环境条件下催芽 10 ~ 12h 后，松开袋口换气 1 次，将温度降至 25℃左右催芽 12 ~ 14h，交替进行。

4. 播种

当山苦瓜种子露白后直接播于 40 穴的育盘或营养钵育中。播种后淋透育苗盘（钵），待水下渗后覆盖 1cm 干湿适中的营养土，盖上地膜保温保湿，顶土后掀开。定植前一周左右要进行炼苗，使幼苗逐渐适应早春较低的环境，增强幼苗的抗寒抗逆能力。

三、苗期管理

育苗期不仅要长成一定大小的营养体，同时要分化和形成花芽。育苗期管理的好坏，直接影响到秧苗的质量，也会影响到以后的营养生长和产量。整个苗期可分为发芽期、子苗期、移植期和成苗期 4 个生育期阶段。各个阶段都有各自的生长发育中心，应采取相应的管理措施才能收到良好的育苗效果。

1. 发芽期管理

从山苦瓜种子萌动到第一对真叶展开为发芽期。主要是保证幼苗出土所需的较高的温、湿度。白天温度为 30 ~ 35℃，夜间为 20 ~ 22℃，待 3 ~ 4d 幼苗出土时，及时去除覆盖的薄膜。齐苗后，应及时降温，白天为 25 ~ 30℃，夜间为 15℃，以防止幼苗徒长。

2. 幼苗期管理

从第一对真叶显露到 5 叶真叶展开为幼苗期。这一时期幼苗生长表现为茎秆伸长，叶片增加，根系不断扩大，苗顶主茎叶原基全部形成，花芽分化已经完成。

这一时期管理的目标：适当控制茎叶生长，促进花芽的分化形成和根系的发展。管理工作包括以下 3 项。

（1）分苗

分苗对幼苗生育的影响有两个方面：一方面是分苗后，会在不同程度上发生短时间的生理干旱，从而抑制幼苗的正常生长和花芽分化，在移植不当的情况下，这种破坏作用将会表现得更加显著以至造成减产；另一方面，由于分苗切断主根，能促进侧根的发生，分苗后秧苗的总根数增加，根系分布比较集中，可减轻定植时对根系的伤害，对定植后的成活、缓苗有一定的正面作用。此外，由于分苗扩大了秧苗的营养面积，发育良好，秧苗质量也能得到提高。分苗要抓好 3 个方面的工作：一是分苗时期。瓜类苗植株比较大，花芽开始分化的时间相对较早，分苗要早些，宜在秧苗幼小时（子叶期）移植。二是分苗技术。分苗前要准备好分苗床，铺好床土，分苗床的床土厚度要求达 10cm，分苗前要降低原苗床的温度，减少湿度，给予充足的光照，以增强原苗的抗逆性，以利于缓苗。移苗前对原苗要做好预防病虫害和叶面施肥。起苗时应手握秧苗的子叶，以免捏伤幼嫩的胚茎，起苗时尽量少伤根系，并要注意选苗，淘汰病苗、畸形苗及无生长点的“老公苗”。如果幼苗生长不整齐，应将幼苗按大小分别移植，便于管理。挖出的苗应立即移栽到分苗床中，不应长期暴露在空气中受风吹日晒而引起失水萎蔫，造成大缓苗；不能立即移栽时，应用湿布覆盖好。栽苗一般采用贴苗法进行，即按预定距离开沟或开穴，浇足量的底水、摆苗、覆土即成。栽苗要注意深浅，一般以子叶露出土面 1 ~ 2cm 为宜。移苗的距离一般为 8 ~ 10cm 见方。三是分苗后的管理。分苗后的管理工作，应该围绕创造一个适当高温、高湿、减少叶面蒸腾保证发根的环境条件来进行，其目的在于保证秧苗的迅速缓苗生长。操作重点应该是密闭保温，争取光照以提高床温，特别是提高土壤温度。

缓苗初期秧苗叶色正常，遇午间的高温会出现萎蔫甚至倒伏，应适当遮阴，不宜放风。

缓苗中期叶色变淡，但新根已开始发生，遇高温时，可适当小放风，如移植时底水过少，此时可补小水 1 次。

缓苗后期秧苗叶色转绿，心叶展开，根系大量发生，可进行正常管理。一般从移植到缓苗生长需要 4 ~ 7d。缓苗后，浇 1 次缓苗水。土壤稍干后，中耕、覆土保墒。

（2）成苗期的管理

成苗期要抓好以下 3 个方面的工作。

①**温度管理。**白天温度控制在 25 ~ 28℃，夜间 13 ~ 15℃，地温保持在 15℃以上。这样一方面可促进根系生长，另一方面可促进花芽分化和防止幼苗徒长。调节温度主要通过通风与保温防寒来进行。外温低时，采取小通风、断续通风、晚通风、早落风的措施。外温高时要提前通风，通风量也可加大，特别在晴天中午，如通风量过小，育苗场所的温度骤增，秧苗叶片由于蒸腾过大遭受热害而成片倒伏，这时用遮盖帘使其逐渐恢复，如采取加大通风或浇凉水降温等措施反而会使秧苗因根系吸收能力减弱、叶面蒸腾增大而加速死亡。如通风过早，风量过大，会引起幼苗叶片很快卷缩或皱缩，严重时出现白边，这时可先喷上些温水，立即密闭保温，使其慢慢恢复。育苗期间连续降雪，应注意防寒保温，争取光照不可通风。如连续降雨，气温较高，必须于下雨间隙适当通风，防止幼苗徒长。另外，久雨初晴时，也不应大揭大通风，因为床内幼苗由于长期不见光照，气温又低，根系吸收能力弱，如一时蒸腾量加大，就会引起萎蔫以致死亡，这时应随时注意秧苗的表现，见有萎蔫现象时，就在透明覆盖物上暂时遮阴，萎蔫状态消失后，除去覆盖物，如此，2 ~ 3d 后，秧苗因床温升高，根系吸收能力得到恢复而解除萎蔫，之后可逐渐加大通风量。总之，通风原则是外温高时大通，外温低时小通，一天内从早到晚的通风量是由小到大，由大到小，切不可突然揭开又骤然闭上。

定植前 5 ～ 7d，逐渐加强通风，进行炼苗。夏秋季育苗，苗期温度管理的关键是遮阴、降温和防蚜虫与粉虱，以防止发生病毒病。

②光照管理。要千方百计地增加苗床光照。

③水肥管理。苗床缺水要及时补充，严冬季节最好使用在温室里经过预热的温水。浇水一方面不要过量，同时要避免地皮湿、地下干（特别是用营养钵或袋育苗时）的假象出现。床土按要求配制时，育苗期一般不需要进行土壤追肥。但为克服低温寡日照带来的营养不良，一般多采取叶面喷肥加激素的方法补充营养，刺激生长。

（3）定植前的秧苗锻炼

在定植田地与育苗场地的环境条件不相同时，为使秧苗定植后适应栽培场地的环境条件，定植前 1 周应进行低温炼苗。其具体做法：逐渐加大通风，白天苗床温度控制在 20 ～ 25℃，夜间在不遭受霜冻的前提下，保持夜温 10℃左右。如采用育苗盘或营养钵（袋）自育自用的，宜把苗分散到温室前坡下或两山墙处。如用营养土块育苗的，要割坨晒坨，定植前一天浇透水。

播种时胚轴朝下

穴盘育苗

营养钵育苗

第三节 嫁接育苗

苦瓜的嫁接苗栽培在瓜类中比黄瓜、西瓜和甜瓜等起步晚。由于黑籽南瓜是耐低温作物，在5℃的低温条件下能正常生长，能满足苦瓜在10℃左右的低温条件下正常生长，所以中国的山东省、河南省、陕西省、福建省等地于20世纪90年代的中后期，利用黑籽南瓜作为砧木嫁接苦瓜取得成功，对解决温室大棚前期低温、提早上市起到积极的作用；1997年江西省的陈相波等人于根结线虫危害比较严重的地块，利用宜春肉丝瓜作砧木，用78–2苦瓜作接穗进行嫁接栽培，实验结果表明丝瓜砧木抗根结线虫能力比对照强，嫁接栽培增产显著；随着商品苦瓜的大面积集中种植和规模化经营，连作障碍和土传病害引起的山苦瓜枯萎病越来越重，严重影响山苦瓜的可持续发展。采用嫁接栽培，能有效地解决重茬地连作障碍和土传病害枯萎病危害等问题。

目前中国南方、北方地区均已开始采用抗病性强、嫁接亲和力高的黑籽南瓜、杂交一代白籽南瓜、常规和杂交一代等专用肉丝瓜品种作砧木，进行嫁接栽培。南瓜是耐低温作物，在5℃的低温条件下能正常生长，用南瓜做砧木，在相同的环境条件下，根系生长比丝瓜快、根毛多，接穗的生长也较快，能满足山苦瓜在10℃左右的低温条件下正常生长，多在早春设施栽培中应用，但水分较多时接穗山苦瓜叶片往往偏大、叶肉较薄、叶色偏黄，抗病性下降，易徒长，所以在南方雨水多的露地栽培主要是使用丝瓜专用砧木。通过嫁接达到防止或降低土传病害（枯萎病、根结线虫病）、增强耐低温能力、强化生长势的目的，进而实现山苦瓜的早熟、高产、稳产。

一、嫁接育苗需要的设施

1. 嫁接场所

嫁接场所要求温度适宜，温度宜控制在20 ~ 35℃，南瓜砧木最好在

20 ～ 25℃，而丝瓜砧木以 25 ～ 30℃为宜，极端不能低于 16℃或高于 40℃。因为温度过高，山苦瓜接穗容易发生萎蔫枯死，温度过低，嫁接苗接合面愈合不良，成活率降低，即使成活，定植后进入开花结果期，有些植株也会因嫁接处愈合不良影响养分的输送，植株生长不良，降低产量。嫁接后 3 ～ 5d 要求空气相对湿度为 80% ～ 90% 并适度遮阴。冬春季育苗多以温室为嫁接场所。嫁接前几天，适当浇水，密闭温室不通风. 以提高其空气相对湿度。夏季育苗、嫁接时应搭设遮阴降温防雨棚。

2. 嫁接工具的准备

（1）刀具和竹签

切削工具多用刮胡须的双面刀片或小刀，为便于操作，将双面刀片沿中线纵向折成两半。于嫁接前准备两根长 8cm、宽 0.5cm、厚 0.25cm 的小竹签作为顶插接用的竹签，并将竹签一端削成长 1 ～ 1.5cm 的细小斜面。

（2）蔬菜嫁接专用固定管套

蔬菜嫁接专用固定管套在日本已经普遍应用。它是将砧木斜切断面与接穗斜切断面连接固定在一起，使其切口与切口间紧密结合。由于套管能很好地保持接口周围水分，又能阻止病原菌的侵入，有利于伤口愈合，能提高嫁接成活率，并且会在嫁接愈合后，在田间自然风化、脱落，不用人工去除。使用套管嫁接法的优点是消除了原来使用嫁接夹带来的不方便，速度快、效率高、操作简便，目前福建省的茄子、番茄生产几乎是使用套管接法。

3. 嫁接机

目前，中国主要有两种蔬菜嫁接机。一种是由东北农业大学研制的插接式半自动嫁接机。该嫁接机采用人工上砧木和接穗苗，通过机械式凸轮传递动力，可完成砧木夹持、砧木生长点切除、砧木打孔、接穗夹持、接穗切削，以及接穗和砧木对接动作。该机结构简单、成本低，操作方便，生产率为每小时 500 株。由于采用插接法进行机械嫁接，不需嫁接夹等夹持物，适用黄瓜、西瓜和苦瓜的嫁接作业，嫁接成功率达93%。另一种是由中国农业大学张铁中研制的智能全自动蔬菜嫁接机。嫁接机采用单子叶贴接法，实现了砧木和接穗的取苗、切削、接合、嫁接夹固定、排苗作业的自动化。该机嫁接作业时砧木可直接带土团进行嫁接，生产率为每小时600株；嫁接成功率高达95%，可进行黄瓜、西瓜和苦瓜等瓜菜苗的自动化嫁接作业。

二、嫁接育苗的技术要点

1. 主要砧木种类及品种

（1）双依

该品种是台湾农友种苗公司专为苦瓜嫁接而育成的杂交一代丝瓜根砧品种。该品种与苦瓜嫁接亲和性良好，抗苦瓜枯萎病，在低温期育苗，胚轴容易伸长，便于靠接和劈接等，苦瓜嫁接后生长旺盛，结果早而多，是苦瓜理想的根砧。

（2）宜春肉丝瓜

该品种是江西省宜春市地方品种。根据宜春市农业科学研究所报道，该品种根系具有较强的吸水吸肥能力，较耐湿耐旱，对根结线虫病有较强的抗性，植株生长势旺盛，可防止山苦瓜早衰，提高产量。

（3）银砧1号肉丝瓜

该品种系福建省农业科学院农业生物资源研究所选育的杂交一代白籽丝瓜根砧品种。该品种与苦瓜嫁接亲和性良好，室内接菌和田间表现均抗山苦瓜枯萎病，根系吸水吸肥能力强，耐湿耐旱，对根结线虫有较强的抗性，植株生长势旺盛，可防止山苦瓜早衰，增产显著。同时会明显提高接穗山苦瓜果肉总氨基酸和人体必需氨基酸的含量。

（4）银砧2号肉丝瓜

该品种系福建省农业科学院农业生物资源研究所选育的杂交一代黑籽丝瓜根砧品种。该品种与山苦瓜嫁接亲和性良好，室内接菌和田间表现均抗山苦瓜枯萎病，根系吸水吸肥能力强，耐湿耐旱，耐高温，延收期较长，对根结线虫有较强的抗性，植株生长势旺盛，可防止山苦瓜早衰，增产显著。同时会明显提高接穗山苦瓜果肉总氨基酸和人体必需氨基酸的含量。

（5）白籽类南瓜

该品种属印度南瓜与中国南瓜的杂交一代品种。该类砧木品种较多，基本上具有抗枯萎病、与山苦瓜嫁接亲和力强、适于作山苦瓜根砧的特点。南瓜作根砧吸肥、吸水力强，在低温条件下根系的伸长性能胜于丝瓜砧，故可使嫁接植株提早结果。该类品种适宜温室或早春大棚栽培，不适宜在南方雨水多的春夏或夏秋栽培，另外，温度高时南瓜播种后的适宜嫁接期短，成活率明显下降。

（6）黑籽南瓜

经试验表明，黑籽南瓜与山苦瓜嫁接亲和力强，嫁接成活率高。利用黑籽南瓜耐低温的特性，提高山苦瓜耐低温能力，其在10℃的温度条件下能正常生长，可解决山苦瓜喜温、不耐低温、上市偏晚、采收期短和产量低等难点，达到提早上市、增加产量、提高经济效益的目的。嫁接山苦瓜苗用于大棚或日光温室早熟高效栽培，经济效益可观。

2. 嫁接方法

山苦瓜嫁接方法有靠接法、顶插接法、顶劈接法、贴接法和套管接法。而目前生产上常用的有靠接法、顶插接法和顶劈接法。

（1）靠接法

要求技术比较简单，非常适合初学者。在无控温的环境条件下，如日气温在16 ~ 35℃之间的嫁接，其成苗率特别高。嫁接前一天对育苗床适当浇水，之后喷一次如甲基硫菌灵、百菌清等广谱性防病农药。砧木为南瓜时，砧木要比山苦瓜迟播1 ~ 2d，南瓜出现第一片真叶，山苦瓜出现2叶1心时为嫁接适期。嫁接过早，幼苗太小操作不方便；嫁接过晚，成活率低。砧木和接穗下胚轴长度为5 ~ 6cm时有利于操作。靠接法虽然较费工，但成活率高，在生产上被广泛采用。但此法嫁接速度慢，接口需要固定物，并且增加了成活后断茎去根工序；若接口位置低，易受接触土壤影响诱发不定根；幼苗搬运和田间管理时接口部位易脱离。采用靠接要注意两点：一是南瓜幼苗下胚轴是一中空管状体，髓腔上部小、下部大，所以南瓜苗龄不宜太大，切口部位应靠近胚轴上部，砧穗切口深度、长度要合适。切口太浅，砧木与接穗结合面小，砧穗结合不牢固，养分输送不畅，易形成僵化幼苗，成活困难；切口太深，砧木茎部易折断。二是接口和断根部位不能太低，以防止栽植时被基质或土壤掩埋再生不定根或者髓腔中产生不定根入土，失去嫁接意义，嫁接操作方法同丝瓜砧木；砧木为丝瓜嫁接时，选出粗细、高低比较一致的山苦瓜、丝瓜苗，将带根的砧木削去生长点和 1 片子叶，在子叶下 0.5cm 处自上向下斜切一刀，角度为 50° ~ 60°，深至下胚轴粗度的 3/5 ~ 2/3。接穗从子叶下的 1 ~ 1.5cm 处，由下向上斜切一刀，角度和深度与砧木相似，接口长度和砧木相等，将两苗的两个刀口互相嵌合对好，夹上嫁接夹，立即定植于营养钵中，注意砧木和接穗的根部要适当分开，便于接穗断根时不伤及砧木的胚轴。定植后马上移入事先准备好的育苗棚内。

（2）顶插接法

顶插接法成活率高，速度快，砧木直播育苗盘，不用移植、操作简单。砧木使用丝瓜时要求提前 5 ~ 7d 播种，并适时抹去砧木的真叶，促进砧木胚轴增粗，便于嫁接操作。接穗一般以子叶微开到子叶平展、真叶显露时进行嫁接。嫁接时用薄刀片将砧木的幼叶和生长点切除。用竹签在砧木的 2 片子叶中间，向下胚轴的另一片子叶下方斜插，深度为 0.5 ~ 0.8cm，竹签尖端在子叶节下 0.3 ~ 0.5cm 出现，竹签暂不拔出。然后接穗于子叶下 1.2 ~ 1.5cm 处切断，在子叶节以下 0.5cm 处呈 30° 角向前斜切，切口长度 0.5 ~ 0.8cm，接着从背面再切一刀，角度小于前者，以划破胚轴表皮为目的，使下胚轴呈不对称楔形，拔出竹签后迅速将接穗插入。

（3）顶劈接法

也是断根嫁接的一种，砧木和接穗分别播种。当丝瓜真叶长出1片真叶后，山苦瓜子叶微开至真叶开始展开之间进行嫁接，嫁接时先将砧木生长点去掉，用薄刀片在两片子叶中间向下劈开，切口深0.6～0.8cm，然后将接穗从子叶下胚轴1.5cm处切断，并在两侧各削一刀，削成双面楔，垂直插入砧木劈口处，使接穗与砧木表面平整，用嫁接夹固定。

顶劈接法

三、嫁接后管理

嫁接苗的成活关键是砧木和接穗的切面上要形成完好的愈伤组织。如果嫁接适期掌握得好，嫁接技术熟练，切口平整，没有污染的嫁接苗在嫁接后24～30h便能形成愈伤组织。愈伤组织形成后，在砧木和接穗的切口上发生一种类似根状物，称为假导管。假导管不断伸长，各自穿过愈伤组织，使其先端互相接触形成互相连接的网状组织，砧木吸收的养分便开始流入接穗，不久就形成了真正的导管组织。通常嫁接后3～4d假导管便可发生，4～5d双方形成的假导管先端互相接触，5～6d假导管连接形成网状组织，6～7d砧木吸收的水分和养分流入接穗，接穗颜色开始转绿，10～15d网状组织形成健全导管组织，嫁接苗就完全成活。嫁接后成活的优劣主要是看湿度和温度，因此要注意抓好以下3个方面工作。

第一，创造一个潮湿的环境。嫁接愈合期的头3d一般要保持白天的空气相对湿度达到90%左右。为此，嫁接后的苗子一定要用小拱棚密闭起来，人为地创造一个有利于保湿的条件。二是要防止棚膜直接滴水到嫁接苗上，故此，小棚首先要做成圆拱形，使棚膜上的水滴顺势流到畦边的地面。三是要及时补充水分。靠接双苗嫁接移栽的，假植时要浇好水，一方面是保证苗子吸水，另一方面是向空气中散发水分；单苗移栽嫁接的，在放置营养钵的床面上要洒上水，以保证空气湿度。

第二，按要求进行温度调节。头 3d 小拱棚外要用 1 ~ 2 层遮阳网覆盖并保持比较高的适宜温度，砧木不同要求的适温稍有差异。但期间一般白天达到 25 ~ 30℃，夜间 18 ~ 20℃，土温 25℃左右。3d 后逐渐降低温度。早晚要逐渐增加光照的时间，温度高时一般可采用遮光和换气相结合的办法来加以调节，白天控制在 23 ~ 26℃，夜间在 17 ~ 20℃，空气相对湿度为 70% ~ 80%。6d 后可把小拱棚两侧的薄膜掀开一部分，逐渐扩大，8d 后去掉小拱棚，转入正常管理。

第三，靠接法要适时断根。对于靠接苗，都要在嫁接成活后断掉接穗苗的根，使秧苗真正成为一个具有砧木根、接穗头的独立植株。断根既不能太晚，也不能太早，一般是在嫁接 7 ~ 10d 后，苗子已经成活时进行。开始时先断根几株，若断根后的嫁接苗不萎蔫或轻微萎蔫即可逐渐断根。

1. 靠接后的管理

嫁接后的前 2 ~ 3d 覆盖 1 ~ 2 层遮阳网，并使棚内湿度控制在 80% 以上，以后只需上午 10 时到下午 3 时遮阳，6d 后可揭去遮阳网，7 ~ 8d 成活后断根，断根之后的 1 ~ 2d 应避免强光照射，断根后 5 ~ 7d 可移入大田定植。

2. 劈接和顶插接后的管理

（1）水

嫁接前 1d 对接穗苗床浇 1 次水，便于起苗，并浇透砧木育苗盘的营养土，嫁接后头 3d，苗床内空气湿度保持在 90% 左右，小拱棚密封，两侧压紧，第四天使苗床内的空气湿度下降到 75% ~ 85%，早晚小拱棚两头适当掀开透气，注意防止长时间湿度过大引起嫁接苗发病。

（2）光

嫁接后马上放入用无滴膜密封的小拱棚内，上面覆盖 2 ~ 3 层遮阳网，前 3d 全遮光，防止直射阳光，3d 后早晚可适当去掉部分遮阳网，逐渐增加光照（散射光），1 周后植株基本成活，可以揭去遮阳网，但仍应防止强光照射，尤其是夏季的接后管理。

（3）温度

温度宜控制在 20 ~ 35℃，南瓜砧木最好在 20 ~ 25℃，而丝瓜砧木以 25 ~ 30℃为宜，极端温度不能低于 16℃或高于 40℃。因为温度过高，山苦瓜接穗容易发生萎蔫枯死，温度过低，嫁接苗接合面愈合不良，成活率降低。

（4）防病管理

嫁接前 1 ~ 2d 或嫁接后第 4d 可喷一次防病农药，如甲基硫菌灵、多菌灵、百菌清或甲基硫菌灵 800 倍液 + 代森锰锌 600 倍液等，防止病害发生，提高成活率。嫁接后 8 ~ 10d 后可按实生苗管理，但砧木子叶基部会发生丝瓜新芽，应及时抹去，保证山苦瓜接穗的营养供应。

第四节 工厂化育苗

一、优点

1. 节省能源与资源

工厂化育苗又称为穴盘育苗，与传统的营养钵育苗相比较，山苦瓜育苗效率由 100 株 /m^2 提高到 300 株 /m^2。冬季利用塑料大棚或温室加温育苗，充分利用育苗车间的空间，有效提高育苗设施的利用率，进行连续的高密度育苗，能大幅度提高单位面积的种苗产量，节省电能 2/3 以上，可显著降低育苗成本。

2. 提高秧苗素质

工厂化育苗能实现种苗的标准化生产，育苗基质、营养液、生长调节剂等采用科学配方，实现肥水管理和环境控制的机械化和自动化，能严格保证种苗质量和供苗时间。

3. 提高种苗生产效率

工厂化育苗采用精量播种技术，每穴 1 粒种子，大大提高了播种效率，节省种子用量，提高成苗率；与营养钵育苗相比较，基质种苗的单株苗重由营养土种苗的 500 ~ 700g 降低为 50g 左右。

4. 商品种苗适于长距离运输

种子播种在上大下小的穴盘的孔穴中一次成苗，幼苗根系发达并与基质紧密缠绕，不易散落不伤根系，容易成活，缓苗快，有利于长途运输、成批出售，对发展集约化生产、规模化经营十分有利。

二、设施设备

1. 场地设施

场地设施由播种车间、催芽室、育苗温室等组成。

（1）播种车间

占地面积视育苗数量和播种机的体积而定，一般面积为 100m^2，主要放置精量播种流水线和一部分的基质、育苗车、育苗盘等。播种车间要求有足够的空间，便于播种操作，使操作人员和育苗车的出入快速顺畅，不发生拥堵；同时要求车间内的水、电、暖设备完备，不出故障。

（2）催芽室

设有加热、增湿和空气交换等自动控制和显示系统，室内温度在 20 ~ 35℃范围内可以调节，空气相对湿度可保持在 85% ~ 90%，催芽室内外、上下温湿度在误差允许范围内相对均匀一致。

（3）育苗温室

大规模的工厂化育苗企业要求建设现代化的连栋温室作为育苗温室。温室要求南北走向，透明屋面东西朝向，保证光照均匀。

（4）加温系统

育苗温室内的温度控制要求冬季白天温度晴天达 25℃，阴雨天达 20℃，夜间温度能保持 14 ~ 16℃，以配备若干台 627.9kJ/h 燃油热风炉为宜（水暖加温往往不利于出苗前后的温度升降控制）。育苗床架内埋设电加热线可以保证秧苗根部温度在 10 ~ 30℃范围内任意设置，以便在同一温室内培育不同种类的作物秧苗时满足局部加温的需要。

（5）保温系统

温室内设置遮阳保温帘，四周有侧卷帘，入冬前四周加装薄膜保温。

（6）微灌系统

苗床上部设置灌溉与施肥兼用的自走式微灌设备，保证苗盘内每个育苗孔中的秧苗接受的肥水量相对均匀。

（7）降温排湿系统

育苗温室上部可设置外遮阳网，在夏秋季有效地阻挡部分直射光的照射，在基本满足秧苗光合作用的前提下，通过遮光降低温室内的温度。温室一侧配置大功率排风扇，夏秋高温季节育苗时可显著降低温室内的温度和湿度。通过温室的天窗和侧墙的开启或关闭，也能实现对温湿度的有效调节。

（8）补光系统

苗床上部配置光通量 1.6 万 lm、光谱波长 550 ~ 600nm 的高压钠灯，在自然光照不足时，开启补光系统可增加光照强度，以满足各种作物对光照的要求。

（9）控制系统

工厂化育苗的控制系统对环境的温度、光照、空气相对湿度和水分、营养液灌溉实行有效的监控和调节。由传感器、计算机、电源、监视和控制软件等组成，对加温、保湿、降温排湿、补光和微灌系统实施准确而有效的控制。

2. 主要设备

（1）穴盘精量播种设备和生产流水线

穴盘精量播种设备是工厂化育苗的核心设备，它包括以每小时 40 ~ 300 盘的播种速度完成拌料、育苗基质装盘、刮平、打洞、精量播种、覆盖、喷淋全过程的生产流水线。20 世纪 80 年代初，北京引进了中国第一套美国蔬菜种苗工厂化生产的设施设备，多年来政府有关部门组织多行业的专家和研究人员对该设备进行消化吸收，使之国产化，目前已进入中试阶段。穴盘精量播种技术包括种子精选、种子包衣、种子丸粒化和各类蔬菜种子的自动化播种技术。精量播种技术的应用可节省育苗劳动力，降低育苗成本，提高育苗效益。

（2）育苗环境自动控制系统

主要指育苗过程中的温度、湿度、光照等的环境控制系统。中国多数地区的蔬菜育苗是在冬季和早春低温季节（平均温度 5℃、极端低温 5℃以下）或夏季高温季节（平均温度 30℃，极端高温 35℃以上）进行，而蔬菜种子发芽、幼苗生长的适宜温度较高，且不同蔬菜种类的育苗适宜温度不同。因此建立催芽室、育苗车间的温度控制系统，选择低成本的节能加温方法和保温措施，提高热转换效率，以及夏季降低育苗车间的温度等措施，是获得优质蔬菜种苗的技术关键。

育苗基质的含水量和育苗车间内的空气相对湿度不仅直接影响幼苗的生长，而且与温度变化相关。因此，必须根据不同蔬菜作物在不同生长阶段、不同生产季节的需水规律、育苗温室内的湿度变化与温度变化的相互影响，建立基质含水量的测定和监控、报警系统。

中国长江中下游地区冬季和早春低温阴雨天气较多，因此补充光照不仅能提高所栽培作物的光合效率，改善温室内部的光照条件，提高温度，而且对促进幼苗的花芽分化有良好的效果。不同的蔬菜种类对补充光照也有不同的要求。因此，育苗补充光照装置和自动控制系统是工厂化种苗生产中的重要设备。

（3）灌溉和营养液补充设备

种苗工厂化生产必须有高精度的喷灌设备，要求供水量和喷淋时间可以调节，并能兼顾营养液的补充和农药喷施。对于灌溉控制系统，最理想的是能根据水的张力或基质含水量、温度变化控制调节灌水时间和灌水量。应根据种苗的生长速度、生长量、叶片大小以及环境的温度、湿度状况决定育苗过程中的灌溉时间和灌溉量。

（4）运苗车与育苗床架

运苗车包括穴盘转移车和成苗转移车。穴盘转移车把搬运播种结束后的穴盘运往催芽室，高度及宽度根据穴盘的尺寸、催芽室的空间和育苗的数量来确定；成苗转移车采用多层结构，根据商品苗的高度确定放置架的高度，车体可设计成分体组合式，以利于不同种类作物种苗的搬运和装卸。

育苗床架的设置以能经济有效利用空间、提高单位面积的种苗产出率、便于机械化操作为目标，选材以坚固、耐用、低耗为原则。可选用固定床架和育苗框组合结构或移动式育苗床架。固定育苗床架可根据温室的宽度和长度来设计，育苗床上铺设电加热线、珍珠岩填料和无纺布，以保证育苗时根部的温度，每行育苗床的电加温由独立的组合式控温仪控制；育苗框组合结构或移动式育苗床架的苗床设计通过苗床的滚轴扩大苗床的面积，使育苗温室的空间利用率由 60% 提高到 80% 以上。

三、操作规程

1. 播种催芽

播种前对使用的器具（如育苗盆钵等）进行消毒。常用工具的消毒方法为：用多菌灵 400 倍液，或甲醛 100 倍液，或漂白粉 10 倍液浸泡育苗工具。育苗室内可以用消毒液喷雾消毒或使用硫黄熏蒸消毒。

使用专用基质材料，不必进行消毒；但使用合成基质时，对泥炭、珍珠岩、蛭石等均应严格消毒，可采用蒸汽热力灭菌方法进行消毒。山苦瓜的工厂化育苗常采用 72 孔或 50 孔穴盘，使用山苦瓜育苗专用基质，播种后盘重 1.2 ~ 1.3kg，浇水后盘重 1.4 ~ 1.5kg。催芽室温度 28 ~ 32℃，5 ~ 6d 后开始出苗，在幼苗顶土时离开催芽室进入育苗室。育苗室温度保持在 22 ~ 26℃，齐苗后晴天时白天温度可以设置为 22 ~ 28℃，夜间为 15℃。

2. 种苗培育

（1）温度控制

山苦瓜幼苗生长期间的温度应控制在白天 22 ~ 28℃、夜间 15℃。如果天气连续阴雨，夜间温度应适当降低 2℃。

（2）穴盘位置调整

在育苗管理操作过程中，由于灌溉微喷系统各个喷头之间出水量的微小差异，使育苗时间较长的秧苗产生带状生长不均衡，发现后应及时调整穴盘位置，促使幼苗生长均匀。

（3）边际补充

灌溉各苗床的四周边际与中间相比，水分蒸发速度比较快，尤其在晴天、高温情况下蒸发量要大 1 倍左右。因此，在每次灌溉完毕后，均应对苗床四周 10 ~ 15cm 处的秧苗进行补充灌溉。

（4）苗期病害防治

山苦瓜幼苗因子叶内的贮存营养大部分消耗，而新根尚未发育完全、吸收能力很弱，故自养能力较弱、抵抗力低，易感染猝倒病、立枯病、菌核病、疫病等各种病害。对此，可在齐苗后 5 ~ 7d 用霜霉威和甲基硫菌灵各 800 倍液防治猝倒病等真菌性病害。宜控制育苗温室环境，及时调整并杜绝各种传染途径，做好穴盘、器具、基质、种子以及进出人员和温室环境的消毒工作，并辅以经常检查，尽早发现病害症状，及时进行对症药剂防治。在化学防治过程中，注意秧苗的大小和天气的变化，小苗用较低的浓度，大苗用较高的浓度。一次用药后如连续晴天，则可以间隔 10d 左右再用 1 次，如连续阴雨天则间隔 5 ~ 7d 再用 1 次；用药时必须将药液直接喷洒到发病部位；为降低育苗温室空间及基质湿度，以上午用药为宜。对于环境因素引起的病害，关键是去除致病因子。病害防治的关键是加强温、湿、光、水、肥的管理，严格检查以防为主，保证各项管理措施到位。

（5）定植前期炼苗

秧苗在移入大田之前必须炼苗，以适应定植地点的环境。如果幼苗定植于有加热设施的温室，须保持运输过程中的环境温度。对于大多数幼苗而言，在定植于没有加热设施的塑料大棚内，应提前 3 ~ 5d 降温、通风和炼苗；定植于露地无保护设施的秧苗，更要严格地做好炼苗工作，定植前 5 ~ 7d 逐渐降温，使温室内的温度逐渐与露地相近，防止幼苗定植时遭遇冷害。另外，幼苗移出育苗温室前 2 ~ 3d 应施 1 次肥水，并喷洒杀菌剂、杀虫剂，做到带肥、带药出室。

3. 包装运输

种苗的包装技术包括包装材料、包装设计、包装装潢、包装技术标准等。山苦瓜种苗的包装材料可选择硬质塑料；包装设计应根据穴盘的大小、运输距离的长短、运输条件等，来确定包装规格尺寸、包装装潢、包装技术说明等。

种苗的运输技术包括配置种苗专用运输设备，如封闭式运输车辆、种苗搬运车辆、运输防护架等；根据运输距离的长短、运输条件确定运输方式，核算运输成本，建立运输标准。

4. 种苗定植

工厂化培育的山苦瓜种苗冬春以 4 叶 1 心为最佳定植时间，苗龄为 28 ~ 35d。在夏秋高温季节，应尽量采用小苗定植，选择 72 孔的穴盘，3 叶 1 心定植，苗龄为 12 ~ 15d。冬春季定植之前要求种植山苦瓜的塑料大棚做好施肥、整地、覆地膜等工作，封棚 3d，宜在膜内 15cm 处地温 12℃以上时定植，准备好盖苗的细土，定植后的定根水温度保持 12℃以上。定植后 3d 以保温为主，大棚和小拱棚不通风，3d 以后根据天气和温度逐渐揭开小拱棚通风。

第五章 DIWUZHANG

山苦瓜栽培技术

第一节 栽培模式

山苦瓜属于特色蔬菜，因此其栽培方式多样。

一、有机栽培

选用无污染地块，施用生物有机肥，禁止施用化学合成肥料、农药，采用防虫网、频振式杀虫灯、棚内悬挂粘虫板、喷施生物农药等物理、生物措施防治病虫害，进行有机栽培，提高产品质量，适应产品出口和供应国内高端市场需求，增加产品价值。

有机种植

二、山苦瓜无公害露地栽培

山苦瓜耐高温，但不耐湿也不耐寒，10 ～ 35℃均能适应生长。福建地区露地栽培的适宜时间：春植时间为 3 ～ 4 月，秋植时间为 7 ～ 8 月。

1. 选地整地

根据 NY/T 5010—2016《无公害农产品 种植业产地环境条件》，选择周边无污染源、空气清新、水源清洁、灌溉水符合农用灌溉质量标准、土壤无农药残留、肥力适中、排灌方便的地块作为山苦瓜种植地。田间土壤深耕翻犁前施足底肥，每亩施 2000kg 腐熟的有机肥、50kg 过磷酸钙、25kg 复合肥、1kg 硼砂。

山苦瓜整地要点：将田地整平，按高 25cm、宽 4.5m 整畦面，按株行距为 400cm×450cm 挖小山包，并覆膜挖孔，每亩种植 35 ～ 40 株。山苦瓜为爬蔓结瓜，需进行搭架，主要搭架方式为平棚架和拱形架，用 30cm×30cm 尼龙网盖网。

2. 育苗移栽

播种育苗：选择饱满山苦瓜新种子在 50 ~ 55 ℃的温水中浸种 15 ~ 20min，自然冷却后继续浸种 8 ~ 10h，在 28 ~ 32℃条件下保湿催芽。待种子露白时即可播种，采用 50 孔穴盘育苗，育苗基质主要由泥炭土、珍珠岩、蛭石组成，育苗温度控制在 23 ~ 28℃。

定植移栽：待山苦瓜苗长到 4 叶 1 心时开始定植，于晴天下午选择健壮、无病虫害瓜苗，连根带土移栽到田间，每穴 1 株，定植后浇足定根水，移栽后若连续晴天，则上午需浇水缓苗。山苦瓜苗移栽后的孔边薄膜用泥块压实，避免温度过高，薄膜内的热气灼伤幼苗。

3. 田间管理

（1）引蔓搭架和整枝

露地搭平棚架高度宜 1.8 ~ 2m，不宜过低，过低导致后期采摘困难；每隔 3 ~ 4m 竖一根木桩或水泥桩，上面用尼龙网或钢丝等将木桩或水泥桩连接起来。山苦瓜苗利用竹竿引蔓，竹竿长度以 2m 长为宜，入土 20cm。

山苦瓜分枝性较强，应及时摘除主蔓 180cm 以下的侧蔓及底部老叶、黄叶，促进主蔓生长，主蔓上部细弱的侧蔓也要摘除，以利田间通风透光，减少病害，提高坐果率。

尼龙网爬蔓

（2）肥水管理

山苦瓜整个生长过程耐肥不耐瘠，喜湿不耐渍，浇水方式宜采用滴灌，坚持见干浇水原则，多雨天气应及时排除田内积水。山苦瓜开花结果前一般不进行追肥，开花结果后结合中耕除草追施 1 次复合肥（每亩施三元复合肥 225kg），以后根据采收及生长情况及时追肥，以使植株不出现褪绿为准，一般

15 ~ 20d 追施 1 次三元复合肥，30d 左右每亩施用速效硼肥 25g。山苦瓜结果期时间长，可长达 150d，且结果多，若肥水不足，易引起果实畸形、植株早衰。

（3）病虫害杂草防治

杂草不仅滋生病虫害，还与山苦瓜植株争吸土壤养分，应及时人工去除或机械割除。山苦瓜若田间管理到位，病害相对较少，夏季连续阴雨天会发生枯萎病，主要虫害为瓜实蝇，现将无公害防治技术总结如下。

枯萎病：为土传病害，茎基部感染后引起整株枯萎死亡。用丝瓜或南瓜作砧木是一条防治山苦瓜枯萎病的最有效方法。

瓜实蝇：繁殖能力强，一年发生 5 ~ 8 代，山苦瓜果实内产卵，幼虫孵化后直接钻入瓜内为害。为降低瓜实蝇成虫的虫口密度，利用瓜实蝇趋黄习性，使用粘虫板；可采用引诱剂（熟透香蕉去皮 40 份）+ 毒饵（90% 敌百虫晶体 0.5 份）加少量的水调成浓糊状的办法诱杀瓜实蝇成虫；也可用物理诱粘成虫的方法，用台湾嘉农企业股份有限公司生产的黄色稳粘直接喷在事先剪开 10cm×10cm 洞的矿泉水瓶外侧和内侧，引诱瓜实蝇并粘住；采摘被瓜实蝇侵害过的果实于水中浸泡，将瓜实蝇幼虫淹死。

4. 适时采收

根据品种特性，一般花后 10 ~ 14d，应及时采收山苦瓜果实，鲜售则需注意防碰损，否则影响商品价值。

无公害露地栽培

三、日光温室冬春茬山苦瓜栽培

山苦瓜适应性广，喜温、耐热、耐肥、喜潮湿。因此，在中国的长江流域和北方一些地区利用日光温室进行冬春茬山苦瓜栽培。这一季山苦瓜的上市时间可以赶在元旦或春节的黄金时间，前期收获时山苦瓜的上市量少，但产值较高，经济效益好。不同地区的播种时间需依据当地的气候条件和不同的设施栽培条件而定，北方地区的播种时间在 9 ~ 10 月较为适宜，在春节前即可上市销售。

1. 定植

（1）整地做畦

这一季栽培的生长期较长，应结合整地，在定植前施足基肥。在播种前 20d，每亩施优质土杂肥 5000kg，或施猪牛粪等厩肥 2000 ~ 3000kg、复合肥 20kg、钾肥 5 ~ 10kg，深耕，将肥与土混合均匀，然后密封棚室 7d，进行高温消毒。

采用小高畦大小行覆膜栽培。大行距 110 ~ 120cm，小行距 70 ~ 75cm，株距 200cm，每亩定植 200 ~ 250 株。

（2）定植

暗水定植，定植深度以露出嫁接口或没过土坨 1 ~ 2cm（自根苗）为宜。

2. 定植后的管理

（1）温度管理

缓苗期间基本不通风，温室温度白天保持 30 ~ 35℃，夜间不低于 15℃。白天温度超过 35℃时可于中午通小风。缓苗后开始通风，白天温度控制在 25 ~ 28℃，夜间 12 ~ 15℃，地温保持在 14℃以上。结果期白天 28℃时通风，24℃关闭，浇水后温度达到 30℃时再通风，夜温控制在 13 ~ 17℃。管理中，若室内的温度低于 10℃，应采取增温措施，如加盖草苫、点明火等。此外，也可喷施抗寒剂，用法为每 100mg 抗寒剂兑水 10 ~ 15L，在缓苗期、初花期和幼果期各喷 1 ~ 2 次。

（2）光照管理

冬春茬栽培，经常出现低温和寡照，应加强棚室光照管理。为了延长光照时间和加大进光量，在温度条件许可的情况下，早晨尽早揭开草苫，下午晚些盖草苫，每天揭开草苫后清扫棚膜，隔 10 ~ 15d 需擦洗 1 次棚膜，始终保持膜面清洁，以利于透光。阴雨天、下雪天也要揭开几条草苫，让散光进入棚室。冬春茬栽培时，缺乏经验的菜农在低温阴雨天气往往只顾保温，5 ~ 7d 不揭温室草苫，天气转晴后，拉开草苫时全部死秧的现象屡见不鲜。有条件的温室可以进行人工补光，温室内吊挂灯泡或碘钨灯，每隔 8 ~ 10m 吊 1 盏灯泡，可减少阴雨天化瓜。

（3）水肥管理

在低温时期，应适当控制肥水，只要保证行间湿润即可，多施迟效农家肥，适当追施速效肥，增施钾肥以提高抗寒和抗病能力。在温度回升比较稳定后，就应保证充足的肥水，以满足植株生长和开花结果的需要。前期生长弱，生长量小，在施足基肥的情况下，可不追肥。田间管理以中耕松土、保墒提温为主。进入开花结瓜期，需肥量迅速增加，可在开花结果和采收始期分别进行追肥，每亩可施用复合肥 25kg。在结果盛期至采收期要勤施追肥，每亩施复合肥 10 ~ 15kg。在初期适当控制浇水次数，浇水要选晴天的上午，结合追肥进行。进入结果盛期后，外界气温已升高，此时可结合追肥，每 10d 左右浇 1 次水。要特别注意的是，在遇到阴天或特别冷的天气时不能浇水。

日光温室冬春茬山苦瓜进入生长后期后，即 4 ~ 5 月开始，外界气温逐渐升高，其他环境条件也已能满足山苦瓜结瓜，即可开始逐渐去掉棚膜、地膜等覆盖物。山苦瓜的生长势极强，这一季山苦瓜栽培直到 7 ~ 8 月的高温季节仍能够生长良好并开花结果，只要没有别的茬口安排，仍可继续加强肥水管理，促进生长结瓜。一般也不再整枝，只要及时摘除老叶、病叶，保证通风透光即可。

（4）湿度管理

山苦瓜在适温条件下耐湿能力很强。但是，在低温寡照的条件下，空气相对湿度过大，会诱发蔓枯病、灰霉病、霜霉病等大量病害，故低温期应不断通风排湿。另外，棚室空间小，施肥量大，在有机肥分解过程中会释放出大量有害气体，此时须通风排湿，以排出有害气体，放进新鲜空气，防止有害气体对植株的危害。

（5）支架、绑蔓、整枝

山苦瓜主蔓长，侧蔓繁茂，如果任侧蔓生长，会消耗大量营养，妨碍主蔓的正常生长和开花结果。待主蔓长至 40 ~ 50cm 时应及时进行整枝吊蔓。其具体做法是：先顺行设置吊蔓铁丝（14 号铁丝），之后东西向拉紧吊蔓铁丝，按定植株距每一株拴 1 条尼龙绳，用于吊挂山苦瓜茎蔓的基部。吊蔓要选择在晴天中午前后进行，并把侧蔓全部摘除。结果后期可留几条侧蔓，以增加后期产量。在生长过程中，及时摘除老叶、病叶、黄叶使之通风透光，增加光合作用。另外，也可采用吊蔓落蔓的整枝栽培方法，主要利用主蔓结瓜，可适当增加种植密度。该方法也是用塑料绳吊蔓，及时摘除侧枝，随着山苦瓜的采收和茎蔓的生长，及时落蔓，并去掉下部老叶。整枝过程中适当留侧枝结瓜，侧枝见瓜后即当节打顶摘心。

山苦瓜蔓细，要及时绑蔓，每 30cm 左右绑 1 次，开始绑蔓可采用“S”形上升方式，以便压低瓜位。在绑蔓过程中，除摘除不必要的侧枝外，还应注意及时摘除卷须和多余的雄花，以减少营养消耗。中后期要摘除下部黄叶和病叶，以利于通风透光，提高光合效率。

（6）人工授粉

山苦瓜为雌雄同株异花，虫媒花，单性结实能力差，而温室内通风不良，空气相对湿度大，且昆虫少，不利于花粉的传播及雌花的授粉，影响坐果及果实发育。所以，生产中必须采取放蜂或人工辅助授粉，以提高坐果率和瓜条的商品性。人工授粉要选择在晴天上午9时前进行。应选择当天开放的雄花和雌花，授粉时先摘除雄花，反转花冠，将花药轻轻地涂在雌花的柱头上即可。

3. 采收

采收时间以晴天上午10时左右为宜。日光温室山苦瓜采收标准与露地山苦瓜相同。

四、日光温室早春茬山苦瓜栽培

日光温室早春茬山苦瓜是指在严寒冬季在温室中用温床育苗，苗龄较大，结果期处于光照好、温度适宜的春夏之间。

1. 育苗

播种期一般为12月下旬至翌年1月上中旬，2月中旬前后定植，4 ~ 7月收获。这茬山苦瓜育苗期正值温度最低的季节，应采取温床育苗，以嫁接育苗效果最好。具体育苗措施参考上述冬春茬山苦瓜育苗。

2. 整地、施肥、定植

同冬春茬山苦瓜。早春茬山苦瓜一般结合地膜覆盖，采用高畦或小高垄膜下暗灌。定植应选晴天上午进行。定植初期可采用小拱棚覆盖等多层覆盖，以提高温度，防止低温伤害。

3. 定植后管理

参考日光温室冬春茬栽培技术。

五、日光温室秋冬茬山苦瓜栽培

日光温室秋冬茬山苦瓜一般于夏末、初秋播种，上市时间主要集中在10 ~ 12月，进入12月以后，气温开始下降时，植株开始老化，结果数量下降，果实长得慢，可采取推迟采收，果实在植株上吊贮（即活体贮存），集中在元旦上市，能卖出好价格。

秋冬茬山苦瓜栽培时前期处于高温高湿的不利环境条件，适于生长的时间较短，后期又转入低温阶段，因此本茬山苦瓜栽培中要注意培育壮苗，定植后要利用有限的生长适宜条件形成较大的营养体和较高的产量，后期要加强保温等管理，以延长收获期。

1. 品种选择

日光温室秋冬茬山苦瓜，必须选择既耐热又抗寒、生长势好、抗病力强、产量高、品质好的品种。

2. 播种育苗

（1）选择适宜播种期

秋冬茬山苦瓜植株生长的原则是在霜降前完成营养生长量的 90%，气温降低时进入结果期，一直收获到元旦前后。播种早了，在前期高温阶段植株生长快，结果早，进入低温后植株容易衰老，抗逆能力差，影响结瓜，产量低，效益也不好；播种晚了，前期温度适宜时，植株生长量小，进入低温期时，植株营养面积小，前期结瓜迟，总产量也很低。根据几年来温室秋冬茬山苦瓜生产经验，以北纬 40° 为例，可于 7 月下旬播种，8 月中旬至下旬定植，结果期主要集中在 11 ~ 12 月。北纬 40° 以北地区应适当提早播种，以南地区可适当推迟播种。

（2）温室消毒，整地施肥

在温室密闭的条件下，用硫黄粉加敌百虫熏烟，可消灭一部分害虫和病菌。每 100m^2 用硫黄粉 150g、敌百虫 500g、锯木屑 500g，分几处放在铁片上，下边烧炭火熏蒸。

利用定植前的休闲期，温室内灌大水，使地面积水 20cm 深，浸泡 2 周，具有消灭地下害虫和排除次生盐渍的作用。

温室浸泡后进行大通风，当土壤干湿合适时深翻 20cm，每亩施农家肥 5000kg。撒施后再刨一遍，而后细耙做成 1.1m 宽的南北延长的畦。

（3）直播法

秋冬茬山苦瓜有直播和育苗移栽两种方法。直播比较省工，但秧苗易徒长，根量也相对较少。按规定的株行距播种已露芽的种子 1 粒或干种子 1 ～ 2 粒，覆土厚度 2cm。播种时要浇足底水。然后在播种穴上覆盖稻草等物，减少水分蒸发、雨水冲击及土壤板结，同时可以降低土温。出苗前要加强水分管理。以利于迅速出苗。

（4）育苗移栽法

秋冬茬温室山苦瓜栽培，育苗期处在气温高、光照强、降雨量相对较大的季节，幼苗易染病毒病，有时雨水量大时会造成苗床积水、土壤缺氧、幼苗沤根现象。为此，育苗时需采取必要的防范措施。

3. 足墒定植

山苦瓜的行距为大行 80cm，小行 60cm，株距 200cm。直播的山苦瓜可参考此株行距播种。秋冬茬山苦瓜宜采用高畦或小高垄栽培。或者采用黑色地膜或黑白双色地膜覆盖，有利于保墒、防止杂草生长和降低地温。定植或直播前先进行施肥整地。每亩施入 5000kg 腐熟有机肥。为防苗期徒长，一般基肥中少施或不施速效性化肥。定植宜在阴天或傍晚进行。定植时要浇透定根水。

4. 定植后的管理

（1）控制植株徒长

秋冬茬山苦瓜前期温度比较适宜。山苦瓜在高温强光的条件下，主蔓生长很快，多数品种在秋冬茬栽培时，很少发生侧蔓，主蔓生长很快，若不采取有效的控制措施，容易出现主蔓徒长，推迟结瓜时间。管理上应控制浇水、追肥，在甩蔓期用助壮素 1 支，兑水 12L 喷洒植株，15d 后可根据情况再喷 1 次，效果更好。

（2）早打顶

秋冬茬山苦瓜由于育苗期间高温长日照，主蔓雌花分化少、节位高、结瓜迟、结瓜少。为了提早进入高产期，要尽早打顶，以促进侧蔓萌发，利用侧蔓结瓜，可获得明显的增产效果。一般在植株生长达 25 片叶前后打顶，打顶后植株很快萌发侧枝，侧蔓留 1 ～ 2 个雌花和 2 ～ 3 片叶后打头，15d 左右开花结瓜。

（3）肥水管理

定植后 3 ～ 4d 再浇 1 次缓苗水。山苦瓜根系喜湿不耐涝，每次浇水量不宜太大。前期外界温度高，保持勤浇小水，根瓜坐住后开始追肥，每亩每次追施硝酸铵 15 ～ 20kg。进入结果期，根据外界气温和光照情况，结合植株生长势进行浇水。晴天温度高、通风量大时，适当勤浇水；外界气温低、光照弱、阴天多时尽量不浇水或少浇水。结果期间再追第二次肥，数量可比第一次适量增加。进入后期停止追肥，浇水次数也应减少。

（4）及时扣棚膜

根据外界气温变化情况，一般在降温前及时扣膜。扣膜的温度指标是连续几个早晨最低温度在 8℃左右时及时扣棚膜。注意扣棚膜后温度只能缓慢提高，不能很快把棚膜封严，白天大量通风，夜间盖住通风口，让植株对棚室的环境有一段适应的过程。

（5）支架

山苦瓜植株开始爬蔓，即株高为 35 ～ 40cm 时，及时支架和吊蔓。出现第一朵雌花时整枝，留 2 ～ 3 个侧枝，及时摘除根瓜，保持隔 2 ～ 4 节留瓜 1 个，中后期剪除老叶、无瓜蔓及细弱枝。

（6）延迟采收

秋冬茬山苦瓜生产期内的气候特点是气温一天比一天低，植株生长速度一天比一天慢，市场山苦瓜的价格一天天上涨。根据这个规律，秋冬茬山苦瓜的采收适期向后推延，特别在气温较低时，推迟采收，让山苦瓜植株上每棵留 2 ～ 3 个商品瓜，利用植株活性挂棵贮存，可在元旦或春节时集中采收上市。

六、山苦瓜塑料大棚春提前栽培

1. 定植

一般要求大棚10cm地温稳定在15℃时定植。华北地区3月底定植于大棚，东北地区2月中旬播种，4月上中旬定植大棚。由于大棚内的环境条件比露地优越，山苦瓜在大棚内生长势较强，因此大棚山苦瓜可适当稀植，可做成60cm和80cm的大小垄或1.6～1.7m宽的高畦，施足基肥，每亩施腐熟有机肥5000kg左右，磷肥50kg。定植密度为每垄1行或每畦2行，株距为200cm左右，每亩栽180～250株。定植时把塑料钵脱掉，按规定好的株距单株摆苗，摆后稳坨，浇透水，水渗下后封埯，栽后第二天中午前后趁秧苗萎蔫时进行地膜覆盖，盖膜时先把膜的四周用土压上，再在秧苗上方划“十”字口把秧苗引出，地膜开口处用土封严。也可先覆地膜后栽苗。垄作时两小垄覆盖一幅地膜。

2. 定植后管理

（1）温度管理

定植初期要保持较高的棚温，以利于缓苗。一般定植后2～3d闭棚，棚温白天为30～35℃，晚上不低于15℃。缓苗后加强保温防冻、通风和防热等管理。缓苗至开花，白天棚温维持在20～25℃，夜间12～15℃。开花结果期，棚温白天25～30℃，夜间12～15℃。若遇严寒天气棚内夜温低于10℃时应采用明火加温等措施增温。外界夜温在15℃以上时，应昼夜通风，可揭掉大棚边膜，而顶膜可一直用到采收结束。为提高山苦瓜耐冷性，可施抗寒剂，每100mL抗寒剂兑水10～15L，于缓苗期、花期、幼果期各喷1～2次。

（2）肥水管理

结果前控制浇水，以免降低地温。进入结果期，每7～10d浇1次水，并隔水施肥，每次每亩冲施复合肥10～15kg。

（3）其他管理

参考日光温室冬春茬山苦瓜栽培。

七、山苦瓜塑料大棚秋延后栽培

华北地区山苦瓜大棚秋延后栽培，一般于 7 月中下旬露地播种育苗，8 月上中旬定植，9 月上旬至 11 月中下旬采收上市。

1. 培育壮苗

一般于 7 月中下旬采用露地搭遮阴防雨棚方式播种育苗，苗龄 15 ~ 20d，具 2 ~ 3 片真叶时定植。苗期苗床土壤要保持湿润，除注意遮阴防雨外，还应及时防治蚜虫、白粉虱及其他病虫害，避免病毒病的发生，根据植株生长势，叶面喷施 0.2% 尿素和 0.3% 磷酸二氢钾 1 ~ 2 次。

2. 施肥、筑垄与定植

每亩施优质农家肥 2000 ~ 3000kg、过磷酸钙 50kg、碳酸氢铵 100 ~ 150kg，采用普施和开沟集中施肥相结合的方式，将 2/3 的基肥普施后深翻，将粪土充分混匀，按 100cm、60cm 的大小行开沟集中施肥，而后在沟上做定植垄，垄宽 20cm，高 10 ~ 15cm，大行间也要筑起 1 条供田间作业行走的埂。

定植一般于 8 月上中旬选阴天或傍晚起苗定植，定植时在垄上按 30 ~ 40cm 的株距开穴定植，定植后及时顺垄沟浇水，浇水量要大，以湿透定植垄的土壤为宜。2 ~ 3d 后再浇 1 次缓苗水，以促进缓苗。

3. 定植后的管理

（1）肥水管理

植株缓苗后，应适当控水蹲苗，并进行 1 ~ 2 次中耕，以促进根系的生长发育和防止田间杂草生长，但因此时天气炎热，不可控水蹲苗过度；当幼苗恢复生长后结束蹲苗，保持田间见干见湿，一般开花坐果前，应结合浇水追施尿素 1 次，每亩尿素用量以 10kg 为宜，以促进植株健壮生长；坐瓜后，植株进入旺盛生长时期，营养生长和生殖生长同时进行，此时应加强肥水管理，保持土壤湿润，一般每隔 5 ~ 7d 追肥浇水 1 次，每亩每次追施磷酸二铵 20kg，硝酸钾 10kg。植株进入生长后期，由于外界温度降低，一般每隔 7 ~ 10d 追肥浇水 1 次，另外，可叶面喷施 0.2% 尿素或磷酸二氢钾等。

（2）温度管理

露地生长期间，当外界日平均温度降为 18℃左右时要抓紧扣棚，华北地区一般在 9 月上中旬进行。扣棚开始温度高，山苦瓜也不完全适应大棚里的条件，必须加大通风，晴天白天保持 25℃左右，夜间 15℃左右，以后随着天气变冷，逐渐减少通风量，直至关闭风口，有时为了保持夜间温度，还应在大棚两侧用草苫或作物秸秆进行保温，通过保温措施使其结瓜期尽量延长。

（3）吊蔓

山苦瓜为攀缘植物，需搭架栽培，大棚栽培可采用篱笆架或尼龙绳吊蔓方式。采用篱笆架时，可按“S”字形上升方式绑蔓；采用吊蔓方式，当瓜蔓长到棚顶时，便于落架盘蔓，有利于田间通风透光。

（4）植株调整

山苦瓜以主蔓结瓜为主，距地面 50cm 以下的侧蔓很少结瓜，所以在引蔓和绑蔓时应及早摘除。植株生长中后期，植株下部的黄叶、病叶以及植株中上部的细弱枝或无果侧枝都应摘除，以利于田间通风透光，促进结瓜。

（5）人工辅助授粉

山苦瓜为虫媒花，大棚秋延后栽培山苦瓜生长后期温度低、昆虫少，进行人工辅助授粉，可明显地提高山苦瓜产量和品质。具体方法同温室春早熟山苦瓜栽培。

4. 采收

大棚秋延后山苦瓜栽培，一般从 9 月上中旬开始采收上市，到 11 月中下旬采收结束。

八、山苦瓜小拱棚短期覆盖栽培

1. 育苗

小拱棚短期覆盖栽培的定植期比春茬露地栽培的定植期提前半个月左右。因此，播种期的选择也应根据当地的气候条件而定，育苗可选择在日光温室中进行。浸种催芽、播种方法、育苗过程中的整个苗期管理可参照春茬露地山苦瓜的育苗管理方法。

2. 定植

小拱棚栽培的定植密度及方法同露地栽培。小拱棚的拱架应提前插好，再定植山苦瓜，浇足定根水，密闭保温。

3. 定植后管理

定植后的管理重点是促进缓苗。必须尽可能地提高棚内的气温及地温，小拱棚空间小，热容量小，夜间温度低，白天中午温度特别高，由于覆盖普通薄膜，内表面布满水滴，秧苗不会被灼伤，夜间温度低，但空气相对湿度高，在一定程度上能防止发生冻害。棚内白天气温保持在 28 ~ 32℃，夜间 13 ~ 15℃。缓苗前不要通风，如果遇到骤降的低温天气，可在小拱棚上加盖草苫，加强保温，防止山苦瓜苗受冻。缓苗后可先从两端支起薄膜通风，然后再从背风的一侧支起几处薄膜通侧风，随着外界温度的升高逐渐加大通风量，使棚内的气温不超过 30℃。开花坐果期白天温度可保持在 26 ~ 29℃，夜间 16 ~ 18℃。经过通风后，土壤水分蒸发较快，应注意及时浇水，始终保持土壤湿润。当外界最低气温达到 15℃以上时，就可以完全满足山苦瓜生长的需要，即可选择在阴雨天气或早晨、傍晚揭去覆盖物，撤掉小拱棚的拱架，转为露地常规管理。

九、山苦瓜间作套种高效栽培

山苦瓜套种栽培是山苦瓜立体栽培中为提高土地利用率、充分利用光能、提高单位面积土地经济效益的一种高效栽培模式，是在山苦瓜基地化、规模化、商品过程中各地山苦瓜种植者在生产实践中根据各地的气候特点摸索出来的一种栽培方式。常用山苦瓜套种技术包括日光温室山苦瓜间套种、塑料大棚山苦瓜间套种及夏季几种常用山苦瓜蔬菜间套种栽培技术。

1. 日光温室山苦瓜间作套种高效栽培

日光温室山苦瓜间作套种有两个种植时期：一是与越冬茬蔬菜同期种植，播期在 9 ~ 10 月；二是与早春茬蔬菜同期种植，播种苗期在 11 ~ 12 月，翌年 2 月定植。日光温室山苦瓜间作套种方式，一般 4 ~ 6 行共生菜间套 2 行山苦瓜，间套的密度为每亩 35 ~ 40 株。与山苦瓜间套的共生菜，不论是越冬茬还是早茬，需在 5 月份拉秧，5 月份以后只保留山苦瓜生长。

山苦瓜与温室越冬茬蔬菜间套作时，前期生长缓慢，要及时进行吊蔓，后期可在日光棚内搭平架栽培或只用吊蔓栽培法。山苦瓜与日光温室早春茬蔬菜间套作，则不用在棚内搭棚架，吊引茎蔓爬至温室顶部的支架上即可，5 月份去掉温室塑料膜后，可放任其生长。如果茬口允许，一直可采收到 8 ~ 9 月。这种间套作方法可充分利用温室夏季高温多雨季节的闲置期，还免去了人工授粉的工序，省工省时。

（1）日光温室草莓与山苦瓜套作技术

根据草莓较耐寒不耐热和山苦瓜喜温耐热的生长特点，可以采用草莓和山苦瓜间作套种模式，此栽培模式已大面积推广。

①**品种选择。**草莓应选用早熟、丰产、优质的保护地专用品种，山苦瓜应选用生长势强、耐热、早熟丰产、抗病性强、第一雌花着生节位低的品种。

②**育苗。**草莓苗常用匍匐茎繁育法。应选择发育旺盛、花芽饱满、根系发育好、

叶柄短、叶片大、大小整齐一致的壮苗。生产上于定植前一年秋选无病虫健壮母株于 3 ~ 4 月稀植于露地中，株行距 45cm × 60cm，每亩定植 2000 株，到 8 月中旬，每株可获 3 ~ 4 叶匍匐茎苗 100 ~ 150 株。温室栽培应选近母株的 1 ~ 2 个壮苗最好。山苦瓜应在 8 月上旬播种育苗。播前浸种催芽，30% 以上种子出芽后分批拣出播种，用营养钵育苗，苗龄 30d 左右，幼苗达到 4 叶 1 心时定植。

③**整地施肥。**应于草莓定植前 10 ~ 15d 完成。深耕土地、施足基肥，并以施用长效有机肥为主。一般每亩施腐熟农家肥 5000kg，饼肥 150kg，磷酸二铵 50kg，硫酸钾 15kg，深翻土壤，使粪土充分混合，整平后做成深沟高畦，南北起垄一般畦带沟宽 90cm，高 20 ~ 30cm，畦沟底宽 30cm，灌水沉实。

④**定植。**草莓应在花芽分化将近结束时定植。一般应在 9 月底至 10 月初定植，一畦双行，株行距 16cm × 24cm，每亩定植 8000 ~ 10000 株。尽量带土移栽。要使花序全部伸向畦内侧，根系尽量展开，苗心与地面相平。定植后充分浇水或施薄人粪尿，以促进成活和顶芽分化。11 月上旬，山苦瓜 4 叶 1 心时定植，株距 200cm，行距是每隔 1 畦定植 1 行山苦瓜。

⑤**田间管理。**草莓定植后应及时中耕锄草，摘除病、老叶以及腋芽、匍匐茎，一般保留 5 ~ 6 片叶。由于氮肥抑制花芽分化，此期不宜追施氮肥，待顶花分化结束、腋花开始分化时，及时覆盖地膜及棚膜。地膜覆盖在相邻的两小行畦上，扣好棚膜，留好通风口。覆膜一般在 10 月中下旬，温度降至 8℃左右时进行。

从覆膜到草莓开花，白天室温应控制在 25 ~ 30℃，夜间 12 ~ 15℃，随气温下降要加盖草苫保温；从开花到果实膨大期，白天温度保持 22 ~ 25℃，夜间保持 12℃左右；成熟期白天温度 20 ~ 24℃，夜间 8 ~ 10℃。开花结果期要求室内湿度控制在 80% 以下。11 月下旬开始开花结果，在施足基肥后浇足开花水，一般到翌年 2 月中旬采收基本结束，草莓不再浇水。

3 月份以后，山苦瓜进入结瓜期，白天保持 25 ~ 28℃，夜间保持 15 ~ 20℃。随着春节过后外界温度的升高，加强通风，夜间温度稳定在 15℃

以上时昼夜通风。每隔 10 ~ 15d 浇 1 次水，并随水冲施腐熟鸡粪或速效氮、磷、钾肥，每次每亩冲施化肥 20kg。山苦瓜茎蔓伸长后要及时吊蔓，以细绳牵引，绑蔓上爬。利用温室内部支架，在温室棚膜下搭平棚架，供瓜蔓攀缘生长，保护地内昆虫少或无昆虫，在山苦瓜开花结果期需要对山苦瓜进行人工授粉，促进坐瓜。一般上午 9 ~ 10 时摘取新开的雄花，反转花瓣在雌花柱头上均匀涂上花粉。

⑥**适时采收。**草莓在栽后 60 ~ 70d 即可采收上市。前期隔 3d 采摘 1 次，中期可隔 1d 摘 1 次。分等级包装入库、出售。2 月底第一次采收结束，要及时追肥水。摘除老叶，促使第二次开花结果。山苦瓜 4 月初开始采收，可采收到霜降。

⑦**病虫害防治。**保护地设施内温度高，湿度大，灰霉病是其主要病害。要认真做好通风换气和植株整理工作，并用腐霉利等药剂防治。

（2）日光温室西芹与嫁接山苦瓜套种栽培

日光温室西芹与山苦瓜套种可安排作越冬生产，将有效地提高西芹和山苦瓜的产量和质量，其主要栽培技术如下。

①**栽培季节。**该栽培方式是在一茬秋延迟黄瓜等瓜菜结束后，将西芹和嫁接山苦瓜先后定植于棚内，一般西芹于 11 月上旬定植，嫁接山苦瓜在翌年 1 月 10 日左右套种。

②**品种选择。**西芹可选用美国西芹、文图拉等。

③**育苗及其管理。**华北地区越冬温室西芹一般在 8 月 20 日前后播种。种子催芽时，先用凉水浸种 1 昼夜，后悬挂于井中催芽，温度为 18 ~ 20℃，待大部分种子出芽后即可播种。苗床要平整，床土要细，一般床面宽 1m。苗床先覆 2 ~ 3cm 厚的营养土，播前苗床要浇透水，将一定量的细土与种子轻轻拌匀撒播，盖 0.5cm 厚的细土，苗床上搭小拱棚覆遮阳网。幼苗不耐旱，要勤浇水、浇小水，适时间苗除草，苗距 2 ~ 3cm。待苗具 3 ~ 4 片真叶时，控制浇水，以利于根的生长。

山苦瓜种子比砧木南瓜种子要提前3d浸种催芽，用55℃的热水烫种15min，使水温降至30℃，浸泡8 ~ 10h，捞出用湿纱布包好放入恒温箱，催芽温度为28 ~ 32℃，种子露白后播种。播种前苗床浇透水，种子间距离3 ~ 5cm见方。播种后覆细土2cm厚，南瓜子浸种催芽方法同山苦瓜。点播距离5cm见方。嫁接前，白天温度控制在22 ~ 28℃，夜温不低于12℃。待南瓜子叶展平，第一片真叶微露时，进行山苦瓜嫁接最为适宜。一般采用靠接法进行嫁接。嫁接时，要除去南瓜的生长点，砧木与接穗的切口要吻合。嫁接后植入苗床，扣上小拱棚，遮阴2 ~ 3d后，逐渐增强光照，开始通风换气。控制好温、湿度是伤口愈合的关键环节，嫁接后5d内，白天温度保持在22 ~ 26℃，夜间保持在15 ~ 18℃，苗床空气相对湿度不低于85%。当幼苗具2 ~ 3片真叶时，撤除小拱棚。

④定植及其管理。西芹与山苦瓜都是在幼苗具4 ~ 5片真叶时定植。定植前，每亩温室施优质腐熟有机肥5000kg，优质复合肥100kg。西芹畦宽1m，山苦瓜畦宽60cm，每隔3畦西芹套种1畦山苦瓜，西芹行距20cm，株距20 ~ 25cm，山苦瓜株距200cm。山苦瓜定植深度以土坨表面与土壤表面平齐为宜。埋坨前要浇透水，然后密闭棚室提高室温。西芹定植深度应掌握“浅不露根，深不埋心”的原则。西芹缓苗后，进行20d左右的蹲苗，蹲苗之后，及时浇水，并结合施适量尿素，至收获前共补充2次尿素。从定植到西芹收获前这段时间，棚内温度控制以适应芹菜生长为主，白天棚温保持15 ~ 22℃，夜间保持12 ~ 15℃，山苦瓜只要不旱即可。若温度较低，如遇寒流或风雪天气，山苦瓜可加扣小拱棚抗寒。西芹在生长过程中，要及时除去黄叶、病叶。山苦瓜长到一定高度时吊蔓。为使前期主蔓生长粗壮，应选择在晴天上午11时至下午2时去除侧蔓。同时，用剪刀剪去老化的叶片，去卷须。西芹在3 ~ 4月为收获期，西芹收获后，山苦瓜营养生长进入旺期，棚内温度白天控制在20 ~ 30℃，夜间不低于15℃。为促进坐瓜和山苦瓜生长，应采用人工辅助授粉。浇水应选择在晴天的

上午进行，浇水后关闭温室，使温度上升至30℃时通风排湿。春季温室内易发生病害，温度易于升高，要注意通风换气。开花结果期结合浇水适时追肥，追肥以氮、磷肥为主，摘瓜宜在晴天上午进行。由于瓜柄不易用手摘断，宜用剪刀剪下。

（3）日光温室黄瓜套作山苦瓜栽培

日光温室内黄瓜套作山苦瓜的栽培模式能充分利用日光温室的休闲期（5月底至10月上旬），提高了温室设施的利用率，充分发挥了土壤、光能、劳动力等资源，而且山苦瓜抽蔓前生长缓慢，苗期长，不影响冬季黄瓜的生长，后期也不用再搭架，可在揭膜后利用温室拱架攀缘生长。

①**品种选择。**黄瓜选用新泰密刺作接穗，黑籽南瓜作砧木进行嫁接育苗。山苦瓜选用生长势强、病虫害少的品种。

②**育苗。**黄瓜在10月中旬播种育苗，采用砧木断根插接的方法。先播种黑籽南瓜，种子在55℃恒温水中浸泡15min，然后在30℃温水中浸种8h，将种子反复搓洗，在25℃条件下催芽。出芽后播种在苗床。黑籽南瓜播种后3 ~ 4d播种黄瓜，黄瓜播种后8 ~ 9d，当黄瓜苗高3 ~ 4cm、子叶展开后即可嫁接。嫁接好后将断过根的南瓜苗插到预先准备好的苗床内，嫁接苗要精心管理。苗龄为2叶1心时喷1次40%乙烯利水剂5000倍液，既可抑制幼苗徒长，又可促进雌花形成。定植前向植株喷1 ~ 2次大豆素，浓度为100mg/kg，可使黄瓜增产15%左右。嫁接后22 ~ 24d可达到定植苗龄。

山苦瓜在11月上旬播种育苗。温汤浸种后用纱布包好，放在30 ~ 32℃条件下催芽，80%的种子出芽后播种。用营养钵装营养土播种育苗。

③**施肥整地。**定植前每亩施圈肥5000kg、饼肥150kg。磷酸二铵50kg、草木灰150kg，深耕30cm，将土肥混匀。南北向起垄，采用高垄栽培，垄高15cm。

④**定植方式。**当黄瓜3 ~ 4片真叶展开时（约11月下旬）定植。黄瓜按大

小行栽苗，大行行距 80cm，小行行距 50cm，株距 27cm。每隔 4 行黄瓜留 1 山苦瓜套作行，行宽 1.2m，行中间定植山苦瓜。山苦瓜在 4 片真叶时（约 1 月中下旬）定植，株距 200cm。

⑤定植后管理。

覆盖地膜：为了提高地温，降低室内空气相对湿度，增加光照强度，定植后要覆盖地膜，每相邻的两个小行覆盖在一起，在膜下追肥浇水。

张挂镀铝膜反光幕：反光幕可增加温室北侧的地温、气温和光照强度，是冬春茬黄瓜增产的有效措施。

温度管理：黄瓜和山苦瓜都是喜温作物，室内温度白天维持在 25 ~ 30℃，夜间 15 ~ 18℃。为了增加植株抗寒能力，可在缓苗后、开花期和幼果期各喷 1 次浓度为 1% 的植物抗寒剂。

水肥管理：黄瓜浇过缓苗水后至根瓜采收初期，约 30d 时间一般不浇水，以促根控秧为主，土壤绝对含水量以 20% 左右为宜。采瓜初期至整个结瓜盛期浇水要多，一般 10 ~ 20d 浇 1 次，前期间隔时间长一些，后期间隔时间短一些。阴天、雨雪天、降温天不要浇水。低温季节在上午 10 时以后进行浇水，最好浇温水。山苦瓜甩蔓前忌浇大水，随着植株长大、气温逐渐升高逐渐加大水量。高温季节在早晨、傍晚浇水。一般每隔一次清水，浇水冲 1 次复合肥，每次每亩施复合肥 10 ~ 15kg。同时，人工增施二氧化碳气肥。

人工授粉：黄瓜虽然不经授粉也能结瓜，但经过人工授粉，可显著提高产量，目前生产上以坐瓜灵蘸花为主。山苦瓜在揭塑料膜以前一定要进行人工授粉。

植株调整：山苦瓜的分枝力强，主蔓上雌花的结果率是随着节位的上升而降低，产量主要靠第一节至第四节雌花结果，所以，摘除侧蔓有利于集中养分提高主蔓的雌花坐果。整枝方法是首先保持主蔓的生长，主蔓高 1 ~ 1.5m 以下的侧蔓全部去掉，蔓长到一定高度后，留下 2 ~ 3 个健壮的侧蔓与主蔓一起上架，以后再生出的侧蔓，有瓜者即留蔓并当节打顶，无瓜者将整蔓从基部剪掉。

病害防治：黄瓜的主要病害有霜霉病、炭疽病、疫病；山苦瓜的病害有斑点病、炭疽病、疫病。其防治方法：霜霉病和疫病用 52% 百菌清烟剂熏烟，每亩每次用 250g，或用 64% 噁霜锰锌 400 倍液喷雾；炭疽病用 80% 福美双 800 倍液喷雾；斑点病用 70% 甲基硫菌灵 800 倍液喷施。

⑥**采收。**黄瓜采收期一般为 12 月底至翌年 5 月下旬。山苦瓜采收期为 3 月中旬至 10 月中旬。

（4）日光温室山苦瓜番茄一年三熟栽培技术

甘肃省天水市西十里科技示范园区于2007年首次将山苦瓜与番茄、西葫芦、茄子等矮秆作物立体套作,实现了一年三种三收,提高了土地利用率和经济效益,收益比日光温室大棚单作经济效益提高 4 ～ 5 倍。

①**品种选择。**番茄选用生长期短、果实成熟早、收获相对集中的品种，5 月上旬可收获完毕，而此时山苦瓜正进入花果盛期，是与山苦瓜间作较理想的品种。

②**山苦瓜、番茄配置方法。**根据山苦瓜、番茄的生育特点，其配置过程分为 3 个阶段：秋延迟番茄生长期从 7 月下旬育苗，8 月下旬定植。定植规格为行距 40cm，株距 25 ～ 30cm，每亩栽 5500 ～ 6000 株，元旦前后至春节前收获；早春番茄、山苦瓜共生期，在元旦前后春茬番茄、山苦瓜同时催芽育苗。春节前后（立春）同时定植，山苦瓜在 4 月上旬即可上市。番茄在 5 月上旬上市，到 6 月底可收获完毕。山苦瓜与番茄在日光温室内套种，山苦瓜的种植密度不宜过大，这与山苦瓜的分枝力、生长势及地力水平密切相关。密度过大，前期由于广遮阴对番茄生长影响较大；密度过小则前期山苦瓜产量小，减少收成。根据试验，最好山苦瓜定植密度为每亩 250 ～ 350 株。春茬番茄种植规格同秋延迟番茄栽培；山苦瓜盛果期在 6 月下旬至 7 月上旬，番茄收获完毕，此时山苦瓜正转盛果期，可一直延续结瓜到 9 月底。

③**秋延迟番茄管理。**番茄定植后，棚内管理的重点是降温防雨、促缓苗、

防徒长、保花保果，棚内白天温度控制在不高于 30℃，夜间不高于 20℃，要严格控制浇水，连续中耕划锄 2 ～ 3 次。植株因管理不当出现徒长时，应及时喷洒矮壮素、助壮素等植物激素，并适时用番茄灵、2，4–D 或防落素等植物生长调节剂点花，以增加坐果率。根据植株生长情况及时整枝、打杈、插架、摘心。番茄每株留 2 ～ 3 穗果后摘心，为了使果实大而整齐，提高果实外观，内在质量要根据植株的生长势强弱进行疏果，植株壮者多留，弱者少留；节位低者少留；节位高者多留。单株留果 6 ～ 9 个为好。白露以后要及时给温棚上膜。当第一穗果长到乒乓球大小时，番茄果实进入迅速膨大期。此期要加强浇水、追肥。每亩施腐熟人粪尿 200 ～ 300kg，或尿素 20kg，全生育期追肥 2 ～ 3 次，每隔 7 ～ 10d 浇水 1 次。浇水后及时通风，降低湿度。当 60% 以上果实长到白熟时停止浇水施肥，以后进入采收期。

④**早春番茄管理。**定植前要提前 1 周整地、起垄、覆盖地膜，以提高地温。春节前后，当山苦瓜长至 4 ～ 5 片真叶、番茄 7 ～ 8 片真叶时同时定植。最好选在晴天、气温高的上午进行，移栽时注意山苦瓜和番茄应多带土，可减少根系损伤，有利于缓苗，栽苗深度应使土方块与垄面齐平。如栽苗太深，土温偏低不利于缓苗；栽苗太浅，不利于根系生长。定植后应立即浇水。因山苦瓜与番茄在春节前后定植，此时外界气温比较低，日光温室管理的重点是防寒、保温、促缓苗。一般定植后 3 ～ 4d 内不通风，要加强保温，使棚内气温白天保持在 30℃，夜间不低于 12℃，待土壤稍见干时及时中耕，以提高地温。缓苗后根据棚内温度逐渐通风，使白天保持在 25℃左右，夜间不低于 10℃。前期通风不要通底风，主要通过大棚顶部通风。随着外界气温的上升，当上部风口无法使棚温下降时，方可逐渐通底风。其他管理措施如整枝、肥水等，同秋季延迟番茄管理。

⑤**山苦瓜管理。**吊蔓与搭棚架吊蔓采用尼龙塑膜，这种方法优于竹竿支架法，便于操作，以尼龙塑膜作索引绑蔓上爬。在棚膜下用细铁丝分别在东西、

南北方向搭平棚架，并在上面搭少量竹竿，可以引藤横向爬蔓。日光温室栽培山苦瓜，整蔓尤其重要。首先保持主茎粗壮旺盛生长，主茎上 0.6 ~ 1.5m 以下的侧蔓全部去掉。山苦瓜在棚内的南北向留主茎高度也不一样，北端留高限 1.5 ~ 1.8m，南端留底根 0.6m。当主蔓长到一定高度后，留 2 ~ 3 个健壮蔓与主茎一起接引上棚架。对其他再生侧枝，如有瓜即留枝，并当节打顶；无瓜，则从基部剪除。各级分枝上出现 2 朵雌花时，可留第二朵雌花，第二朵雌花一般比第一朵雌花结的瓜质量好。

采收和后期的管理前期因气温低，一般坐瓜 18 ~ 25d 后采摘，后期生长快，15 ~ 16d 即可长成采收。5 月以后，间作蔬菜收获完毕，此时气温升高，可将棚膜撤去。不再整枝，放任生长，但要及时摘除老叶，加强通风透光。7 ~ 8 月，山苦瓜生长更加健旺，应继续加强肥水管理，直到 9 月底拉秧。

2. 塑料大棚山苦瓜间作套种高效栽培技术

大棚间套作栽培可以充分利用大棚的小气候，并将大棚的水泥骨架作为山苦瓜生长后期的棚架，是省时省力的一种栽培方式，也是进一步提高早春茬山苦瓜大棚栽培效益的一种生产模式，具有一定的推广价值。它主要是将山苦瓜作为主栽作物，以早熟辣椒、大白菜等作为间套作物，均能获得较好的经济效益。

（1）塑料大棚山苦瓜与辣椒套作栽培

根据辣椒、山苦瓜的生物学特性及它们的相似的生育温度，利用大棚进行辣椒、山苦瓜套种，能够合理利用大棚空间，可以创造较好的经济效益。

①**品种选择。**辣椒应选择早熟耐寒品种。

②**培育壮苗。**

播种期：华北地区辣椒山苦瓜均在温室内育苗，辣椒于 12 月下旬至翌年 1 月上旬播种育苗，山苦瓜于 3 月中下旬浸种催芽。

浸种催芽：辣椒种子经浸种后，在 25 ~ 30℃温度下保湿催芽，出芽后即可播种。山苦瓜种子种皮较厚，发芽缓慢，将种壳于发芽孔处轻轻压一小缝，然后浸种 5 ~ 6h，置 30℃左右温度下保湿催芽，种子露白后及时播种。

辣椒苗床管理：辣椒采用口径 10cm、高 10cm 的营养钵育苗，以保护根系。营养土配制：用 6 份大田土、4 份腐熟农家肥和少量草木灰混合均匀。辣椒在 1 叶 1 心时移植到营养钵内，在温室内套小拱棚培育，白天揭开拱棚膜，夜晚覆盖。一般棚内日温控制在 20 ~ 25℃，夜温控制在 10℃以上，晴天注意及时通风。

③辣椒定植、山苦瓜直播。在施肥整地后，做畦宽 80cm、沟宽 40cm 的高畦，辣椒于 2 月中旬定植，在畦上种 2 行，穴距 45cm 左右，每穴 2 株。辣椒定植后即可在行间直播山苦瓜，将催好芽的种子在畦中间按 1m 穴距播下，每穴 2 粒，浇透水，再在畦面上搭小拱棚，闭棚 5 ~ 6d，以促使辣椒缓苗及山苦瓜出苗。

④田间管理。山苦瓜出苗后及时通风，通风口的大小及通风时间的长短要逐渐变化，不应突然大量通风，以防受冻。棚内日温保持 20 ~ 30℃，夜温 15℃以上，必要时用草帘保温或人工加温。清明后揭去大棚裙膜，谷雨后揭去顶膜。

山苦瓜伸蔓后，外界气温已逐渐升高，及时揭去小棚，设立支架，采用“人”字形结构，将竹竿插在辣椒旁边，上供山苦瓜攀缘，下作辣椒辅助支撑，能有效地防止揭大棚后辣椒被大风吹倒。

辣椒侧芽全部打掉。山苦瓜 1m 以下侧蔓全部抹除，1m 以上留侧蔓 3 ~ 4 根，所有孙蔓全部除去，使营养集中，提高挂果能力。早期气温低，大棚不利于昆虫授粉，山苦瓜应人工辅助授粉，辣椒可用浓度为 25mg/kg 的防落素溶液于开花期间喷花保果，增加前期产量。辣椒封行前中耕除草 1 次，一般不追肥或仅叶面喷 0.3% 磷酸二氢钾液。

⑤采收辣椒。辣椒可于 5 月上旬开始收获，山苦瓜于 6 月上旬收获，较露地提早 30 ~ 40d。

（2）塑料大棚山苦瓜与大白菜套作栽培

早春利用塑料大棚种植春大白菜立体套种山苦瓜，既充分利用了保护地空间，又丰富了春淡季蔬菜品种，经济效益十分显著。每亩可产大白菜 5000kg，山苦瓜 3500kg。

①**品种选择。**大白菜应选择春性低、产量高的品种，如春大将、春秋玉、强势等品种；山苦瓜应选择坐果早、产量高的品种。

②**播种育苗。**采用温室或大棚套小棚外加草苫方式育苗，有条件的可采用电热线。一般于 2 月下旬催芽播种。将大白菜、山苦瓜种子分别置于 25 ~ 30℃保温条件下催芽。待种子露白时直播于 8cm × 10cm 规格的营养钵。另备 10% 的多余苗子播种于苗床，以准备定植时补充营养钵内弱苗、残苗。营养土可选用 55% 园田土加 30% 腐熟垃圾肥和 15% 腐熟畜肥配制，每立方米营养土加 1kg 氮磷钾复合肥混匀。播种前将营养钵内浇足水，每钵播 1 粒催过芽的种子、播后覆盖营养土，浇足水，营养钵上再覆盖一层薄膜，保温保湿。白菜育苗，将温度保持在白天 21 ~ 25℃，晚上 15℃，确保最低温度 12℃以上。空气相对湿度保持在 50% ~ 65%。山苦瓜育苗温度比白菜高，掌握在白天 26 ~ 32℃，夜晚 15 ~ 22℃。齐苗后昼夜温差可适度拉大，同时注意保温防冻，增加光照时间，降低棚内湿度。

③**定植及定植后的管理。**一般在 3 月下旬，当白菜苗具 4 ~ 5 片叶、山苦瓜苗高 20cm 左右时定植。选择健壮苗定植于塑料大棚。定植前结合整地施足基肥，每亩施腐熟农家肥 3500 ~ 4000kg，氮磷钾复合肥 15kg，过磷酸钙 20kg。采用高畦栽培，畦高 15 ~ 20cm。定植前，在畦上覆盖地膜以提高地温。定植白菜苗行距 50cm，株距 40cm。定植穴土略高于地膜 0.5 ~ 1cm。在畦上每隔 4 棵白菜定植 1 株山苦瓜。选择天气晴好时定植。缓苗期要保持 20℃的较高温度。在生长期间遇寒流时要加盖草苫或薄膜保温。

缓苗后的温度管理可参照下面的数据：白菜莲座期白天以 18 ~ 20℃为宜，结球期以 12 ~ 18℃为宜，昼夜温差 4 ~ 5℃；缓苗后，穴施稀薄人粪尿加少量磷酸二氢钾，施后以土封窝；莲座期每亩施 800kg 人粪尿，膜下暗灌，随水冲施；

包心初期，随膜下暗灌，每亩施 10kg 氮磷钾复合肥和 5kg 氯化钾。莲座期土壤水分保持在 50% ~ 60%；包心前期土壤水分保持在 65% ~ 80%。另外，在莲座期、包心初期各打 1 次防腐包心剂。在生长过程中，注意避雨，预防软腐病、病毒病、霜霉病发生。田间如发现少量软腐病，可用链霉素药液防治；喷洒病毒 A，预防病毒病发生；霜霉病可用百菌清、多菌灵、安克锰锌等防治。

④**及时采收大白菜，加强山苦瓜后期管理。**大白菜包心结实后，根据市场行情，及早采收，既可获得可观效益，又可避免后期高温高湿病虫害发生，造成损失。白菜采收后，山苦瓜结合施肥培土护根，进行整蔓，摘掉无瓜蔓，吊绳，使有瓜蔓、主蔓高度一致，以利于后期生长。一般 5 月中旬即可上市。

（3）塑料拱棚番茄、山苦瓜、生菜（叶菜类）套种

①**品种的选择。**番茄选用抗病、果大、整齐、丰产的中晚熟杂交种；山苦瓜选用高产、优质、品质好山苦瓜；生菜选用生育期短、发棵快的生菜。

②**培育壮苗。**

番茄的播种育苗：番茄于 1 月中旬播种，3 月下旬定植，苗龄 75 ~ 80d。种子用 55℃热水烫种 10min 进行消毒，以杀死种子表面的病菌，然后用温水浸种 8h，浸种后搓 2 ~ 3 遍，播种于温室配制好的营养土苗床中。白天温度保持在 30 ~ 35℃，夜间 25℃左右，当种子有 70% 出土时立即降温，防止徒长。白天温度保持在 25℃，夜间 15 ~ 17℃。30d（5 ~ 6 片叶）左右分苗移植，以扩大营养面积，一般以 7cm × 7cm 或 8cm × 8cm 为宜。

小苗 1 叶 1 心时开始喷药防病，用 50% 多菌灵可湿性粉剂 800 倍液，或 70% 代森锰锌可湿性粉剂 600 倍液喷洒，每隔 7 ~ 10d 喷 1 次，移植前共喷 2 ~ 3 次。移植后缓苗 1 周，喷洒 50% 腐霉利可湿性粉剂 1500 倍液，每隔 7 ~ 10d 喷 1 次，预防灰霉病。每次打药的同时，均需加入 0.1% 磷酸二氢钾或 0.1% 尿素进行叶面追肥。

山苦瓜播种育苗：山苦瓜于 2 月上旬育苗，3 月下旬与番茄同时定植，苗龄 45 ~ 50d。种子用 55℃热水烫种 15min，然后浸种 8 ~ 10h，出水后反复搓洗干净，用湿布包好，催芽。出芽后播种于 8cm × 8cm 或 10cm × 10cm 的营养钵中。苗期管理同前。

生菜的播种育苗：生菜 2 月中旬育苗，3 月中旬定植，苗龄 25 ~ 30d（4 片真叶）。播种前，将苗床土筛细搂平，种子撒播，不覆土，只用耙子轻轻搂一遍即可，然后浇透水，盖上草苫子。白天温度保持在 15 ~ 25℃，夜间 8 ~ 10℃，经 26 ~ 30h 即可出芽，将覆盖在苗床上的草苫揭下。夏天露地苗床播种育苗，3d 出芽，苗龄 20d 即可。

③适时定植，合理套种。2 月下旬扣棚增温。采用棚内扣中棚、小棚，周围围裙子等方式进行 3 ~ 4 层塑料薄膜的多层覆盖，以提高地温，提早定植。定植时采用畦作，畦宽 1.2m。栽植密度的套种方式：3 月中旬定植生菜，在畦中间定植 3 行，行株距 23cm × 23cm，靠棚边（南侧 2m 长畦内）定植 5 行，不套种，复种 4 茬。3 月下旬在定植生菜畦的两侧定植番茄，株距 25cm。山苦瓜与番茄同时定植，在畦埂的各个立柱前后各定植 1 株山苦瓜（1 个畦埂有 4 个立柱可定植山苦瓜，共定植 8 株山苦瓜）。

④定植后的管理。

生菜的田间管理：生菜定植缓苗后（10d 左右）进行松土，使之提高地温，促进发棵。水要少浇，地皮见干时浇小水。25 ~ 30d 单株重达 50g 时就可陆续上市，45 ~ 50d 将生菜净地。

番茄的田间管理：番茄定植缓苗后即可通风降温，白天棚温保持在 25℃，下午 2 时后闭风。随着外界气温的升高，逐渐延长通风时间，使棚内的相对湿度保持在 45% ~ 55%，超过 60% 易发病。当生菜净地后，番茄第一穗果进入果实膨大期，此时要加大水肥管理。在定植前，结合整地每平方米施腐熟纯鸡粪 175g，果实长到蛋黄大时，结合灌水随水追肥，1 次鸡粪水与 1 次化肥水（尿素 15g/m^2 或磷酸二铵 11.2g/m^2）交替进行，5 ~ 7d 追 1 次，做到每水有肥，不灌清水。防病打药的同时，在药液中添加叶面肥（尿素或磷酸二氢钾）进行根外追肥。番茄要单干整枝，留 3 穗果摘心。整枝打杈时间选在晴天上 10 时至下午 2 时前进行，这期间棚内温度高，伤口愈合快，病菌不易侵染。整枝打杈忌在阴雨天或早、晚有露水时进行，此时棚内温度低、湿度大，伤口愈合慢，病菌易从伤口侵入。第一穗花蕾开花后用 2,4–D 蘸花，花后 45d 即可喷洒乙烯利催熟，3d 后挂红，5d 后可上市。当第一穗果开始采收时，第二穗果喷乙烯利，当第二穗果开始采收时第三穗果喷乙烯利，这样 7d 后可大量上市，10d 后拉秧净地。

山苦瓜的田间管理：山苦瓜虽然与番茄同时定植，但由于前期棚温和土温低，其生长势缓慢，随着温度的升高，生长速度加快，要及时引蔓吊秧。主蔓 1m 以下的侧蔓全部打掉，1m 以上留 2 条侧蔓，其余的侧蔓见瓜后留 2 片叶摘心。同时见瓜后水肥要跟上，土壤湿度要大，保持土层湿润。10 ~ 15d 追 1 次肥。果实要及时采收，开花后 12 ~ 15d 即可采收。

⑤病害防治。棚室栽培的生菜和山苦瓜病害较少发生，病害防治主要以番茄为主。番茄除苗期喷药外，定植后开花前喷 1 次异菌脲或腐霉利，结合 2,4–D 蘸花，在 15mg/kg 溶液中加入 1000 倍液的腐霉利，番茄果实如蛋黄大时再喷 1 次异菌脲或腐霉利，防止灰霉病的发生。定植缓苗后还要喷洒 47% 春雷・王铜可湿性粉剂 700 倍液，或 25% 灰克（丁子香酚）可溶性液 1000 倍液，防治叶霉病和早疫病。

（4）夏季常用蔬菜与山苦瓜间套种栽培

露地春栽越夏型山苦瓜栽培多为较高海拔或冷凉气候带种植模式，多采用平棚架的稀植栽培，每亩定植山苦瓜 35 ~ 40 株，这是在福建海拔 600 ~ 800m 的山苦瓜越夏栽培常采用的一种高效栽培方法。

①白菜或甘蓝地套种山苦瓜栽培技术。一般春白菜、甘蓝依海拔高度 3 ~ 4 月育苗，4 ~ 5 月定植，山苦瓜 4 ~ 5 月上旬播种育苗，5 月定植，白菜或甘

蓝比山苦瓜提早定植 15 ～ 20d，在白菜或甘蓝定植时根据山苦瓜设定的株行距预留山苦瓜定植穴，在山苦瓜主蔓上架后进入开花结果初期，白菜或甘蓝一次性采收，要求前茬生育期为 60d 左右的早熟品种。这种栽培方式的山苦瓜采收期长、产量高、收益好，如果配合山苦瓜嫁接技术，是可一年搭架、多年连续种植的省力化栽培。具体做法如下：选用水泥柱或较粗的竹子（长 2.4m），按 4m × 6m 埋立柱，入土深 50cm，架高 1.8m 左右，将主架先做好，要求牢固结实。当植株开始抽蔓时，棚架平顶上拉绳索或铺大拇指粗度以上的竹子或用 0.3m × 0.3m 网眼的尼龙网覆盖，尼龙网的长或宽等规格可定制，之后每株山苦瓜插一根竹子或用塑料绳牵引上架，上平架前主蔓 1.6m 以下的侧蔓全部摘除，上架后一般放任生长，年产值稳定在 1 万元以上。

②山苦瓜—玉豆套种法。玉豆 5 月上旬播种，5 月下旬定植。山苦瓜 4 月初播种育苗，5 月上旬定植，比玉豆提前 20 ～ 25d。每亩定植山苦瓜 80 株左右，玉豆 70 株左右，7 月前玉豆无需追肥喷药，玉豆伸长缓慢，到 8 月中下旬山苦瓜采收后期，玉豆爬上山苦瓜架，进入旺盛生长，开花结荚，无需搭架，非常省工。每亩山苦瓜产量 3500 ～ 4000kg，产值稳定在 7000 ～ 8000 元，玉豆每亩产值一般在 3000 ～ 4000 元，两种农产品均可在田间直接收购，每个劳动力可种 2000m^2，每年每亩产值超万元，而种苗、地租、农药和肥料成本不超过 3000 元，可以说是高效农业的一种模式。

十、山苦瓜无土栽培

1. 秋延后山苦瓜无土栽培技术

（1）栽培设施

用砖在大棚内垒成内径、深、长分别为 30cm × 30cm × 2100cm 的南北向栽培槽，槽间距留 100cm 作走道，槽坡度为 0.2% 左右，槽基部铺一层 0.1mm 厚的薄膜，膜上铺 5 ～ 10cm 厚的洁净粗炉渣，炉渣上填充已消毒的栽培基质（炉渣：泥渣 =6 ：4），每立方米基质中再加入 3kg 蔬菜专用肥，10kg 经消毒的干鸡粪，混匀后即可填槽。大棚外修 5m^3 的贮水池，建独立的节水灌溉系统。

（2）培育壮苗

山苦瓜品于 6 月下旬温汤浸种催芽，当 70% 种子露白后即可播种。采用 8cm×8cm 营养钵无土育苗，按草炭：蛭石：珍珠岩 =1 ：1 ：1 配好基质，每立方米基质再加入 5 ～ 8kg 经消毒的干鸡粪和 2kg 三元复合肥，混匀后填入营养钵，浇足水后每孔播入 1 粒种子，上覆湿润的细基质 2cm 厚，出苗前温度保持在 28 ～ 30℃，出苗后昼温为 25℃左右，夜温为 15℃左右，保持基质湿润。夏季气温较高，出苗后宜采用遮阳网遮光降温，以培育壮苗。一般经 15 ～ 20d、幼苗有 2 ～ 3 片真叶时即可定植。

（3）定植

7 月上旬前后将槽内的基质翻匀整平，浇足水，待水渗后扒坑定植，一般绿皮山苦瓜株距 200cm，每亩定植 200 株，栽后轻浇 1 次定根水。

（4）田间管理

①**肥水管理。**定植后 7d 浇 1 次缓苗水，保持基质湿润。坐果后晴天上午和下午各浇 1 次水，阴雨天可视基质具体情况少浇或不浇。定植后 20d 开始追肥，以后每隔 15d 追 1 次肥，每次每亩施经消毒的鸡粪 200kg 加三元复合肥 20kg，将肥料距植株基部 10cm 处埋入 5cm 深的基质中，随后灌水。同时针对大棚内二氧化碳气体亏缺的实际情况补充二氧化碳气肥。

②**温度和光照管理。**定植后白天大棚内温度应保持 20 ～ 25℃，夜间 15℃左右，坐瓜后昼温保持 25 ～ 28℃，夜温 15℃。秋延后大棚温度管理重点是前期（6 ～ 8 月）注意用遮阳网遮光降温排湿；后期（9 ～ 11 月）闭棚保温，以尽量延长采收上市期。

③**植株调整。**蔓长 30 ～ 40cm 时开始吊蔓，吊蔓时间隔地将苗引向距离地面 160cm 高、80cm 间距的 2 根钢丝上。摘除第一雌花节位以下侧枝，以后侧枝

留 1 ~ 2 叶摘心，及时剪除卷须，以节约养分。随着山苦瓜茎蔓的生长，要及时落蔓，蔓的高度一般不应超过 160cm；同时要及时对 2/3 的雄花、植株中下部病残茎叶予以摘除，以免消耗养分和传播病害。

（5）病害防治

秋延后大棚山苦瓜的主要病害是霜霉病。主要以预防为主，适当通风排湿，及时去除病叶，发病时可用 25% 瑞毒锰锌可湿性粉剂 800 倍液或 75% 百菌清 500 倍液喷雾，每隔 7 ~ 10d 喷 1 次，连续喷 2 ~ 3 次即可。

（6）采收

绿皮山苦瓜定植后 55d 即可陆续采收上市，一般当绿皮山苦瓜瘤状物长满发亮时及时采收，否则会引起茎蔓早衰，产量降低。

2. 山苦瓜营养液栽培技术

以浮板毛管水培系统（FCH）为例，介绍山苦瓜的夏秋水培技术。

（1）品种选择和栽培适期

用于水培的品种要求具有生长势强、耐热抗病、丰产等特点。

以杭州地区为例，水培山苦瓜于 7 月上旬播种，7 月中下旬定植，采收期从 8 月下旬一直到 11 月中旬。

（2）消毒和育苗定植

种植前对大棚内外环境进行彻底清洁，对栽培设施要严格消毒，栽培床、定植板、浮板、水池及管道等用 0.3% ~ 0.4% 漂白粉溶液浸泡和清洗，并调换新膜，严防病原菌带入栽培系统。山苦瓜种子浸种消毒后播于新稻壳、蛭石和泥炭等混合基质中，基质上撒少许百菌清，浇透水，覆盖基质，出苗后直接定植在栽培床上。栽培床内设浮板，6m 宽的大棚设 3 条栽培床，定植 6 行，株距为 200cm，每个标准棚（180m^2）定植 40 株左右。

（3）营养液管理

栽培床营养液 pH 值为 5.4 ~ 6.5。电导率苗期控制在 1.6mS/cm 左右，开花结果后调为 2mS/cm 左右。营养液供给一般采取 5min 供给、15 ～ 20min 停的循环方式。大苗定植要连续供液 5 ～ 7d，促使发根，待根系生长后再间歇供液。栽培床液位的调节是管理的关键环节，液位可从排液口高低来调节。营养液位要高一些，以确保植株根系吸收到养分，随着根系展开要逐渐放低回水口，降低床内液位，并保证床内有 3 ～ 4cm 高的气腔，供湿气根生长。及时清除回水口的堵塞物，以免湿气根浸没在营养液中造成烂根和植株死亡。植株生长不同时期，要调整营养液成分。山苦瓜植株开花结果后，在营养液中加适量的磷酸氢钾，可以提高产量和品质。

（4）植株整理

植株长到一定高度时，进行“V”字形引蔓，方法是沿种植行拉 2 根地绳，棚顶上方拉 2 根铁丝（天绳），用引绳（塑料绳）连接天绳、地绳。整枝时在基部留 1 ～ 2 条侧枝，让主、侧蔓同时结果。其他管理同常规田间种植。

（5）病虫害防治

无土栽培是避免土传病害的有效技术，但亦必须重视做好防病工作。水培瓜类的主要病害为根茎部病害，有疫病、枯萎病、根腐病等，须及时防治。一般在第一次定植时，在营养液中加入 1/10000 乙膦铝预防。以后每隔 5 周加 1 次液，按同样比例加入 2 ～ 3 次，可以有效地预防根际病害。一旦发现个别病株应及时拔除，并隔离发病区域，重点施药（加大乙膦铝剂量），控制病害的发展。

十一、山苦瓜嫁接栽培

1. 防病丰产栽培技术

（1）砧穗选择

山苦瓜枯萎病菌专化性较强，寄主范围较窄，一般不侵害其他瓜类作物。丝瓜砧木耐湿性强，根系发达，与山苦瓜嫁接亲和性好，嫁接成苗率高。不同丝瓜砧木对山苦瓜产量和品质的影响明显，所以生产上应选择嫁接亲和性好、产量高的专用砧木，如：台湾农友的银光、双依，福建省农科院的银砧 1 号、银砧 2 号。在缺少山苦瓜专用砧木的情况下可选用圆筒形的普通丝瓜。早春设施栽培可选用黑籽南瓜或一代白籽南瓜作砧木。南瓜是耐低温作物，在土温 6 ~ 12℃的低温条件下能正常生长，用南瓜做砧木，根系生长比丝瓜快、根毛多，接穗的生长也较快，能满足山苦瓜在 10℃左右的低温条件下正常生长，使山苦瓜提早上市，增加瓜农的经济效益。但在水分较充足的田块，接穗山苦瓜叶片往往偏大、叶肉较薄、叶色偏黄，抗病性下降，所以用南瓜作砧木在山苦瓜开花结果前要控制水分，防止徒长。接穗可选择较耐低温、主侧蔓雌花率高的品种。

（2）植前准备

在定植前 1 周田间撒施腐熟有机土杂肥，每亩施腐熟有机土杂肥 5000 ~ 7000kg，过磷酸钙 50kg，45% 的三元复合肥 25kg。按 1.6m 开沟，筑畦面宽 1.2 ~ 1.3m 的高畦，畦面覆盖地膜。

（3）适时定植

待嫁接苗长至 4 ~ 5 片叶后，根据各地的气候环境条件，确定株行距。一般株距为 200cm，双列“品”字形定植法。定植后浇足定根水，定植时嫁接口处要离畦面 2 ~ 3cm，以防止接口处再生新根入土，发生枯萎病。

（4）整枝搭架

山苦瓜开始抽蔓时，及时搭架，一般采用人字架，架材长 2.5m 左右，在畦面上 1.8m 左右的高度交叉形成“人”字形，“人”字形之间用 8 号铁线或竹竿连接固定。单蔓整枝，以主蔓结瓜为主，主蔓 60cm 以下的侧蔓全部打掉，主蔓 60cm 以上的子蔓，在 1m 以内见瓜后打顶，1m 以上无瓜的子蔓全部打掉。

（5）浇水追肥

定植缓苗后施稀粪水或 0.3% 尿素液提苗。结果前 7d 左右浇水 1 次，结果盛期 5 ~ 10d 浇水 1 次。及时摘除底部衰老黄叶，以利于通风透光。视苗情 8d 左右浇施 1 次 30% 的人粪尿，以促进果实膨大和继续开花结瓜。进入采收盛期，结合灌水每亩追施三元复合肥 35kg，同时喷施 0.2% 尿素和 0.2% 磷酸二氢钾混合液防止叶片早衰，以延长采收期和提高商品瓜质量。

（6）加强田间管理

水分管理采用深沟高畦，雨季及时排水，炎热少雨季节适时灌水，在整个生长期间保持耕层土壤湿润。适时剪除无瓜老蔓、细弱侧枝和老叶枯叶，改善通风透光条件。

2. 早熟高效栽培技术

（1）选用耐寒品种和砧木

山苦瓜选用耐寒、适应性强的早熟品种；砧木则选择亲和力强、耐低温的黑籽南瓜。

（2）采用日光温室、大棚多层覆盖栽培

冬春温度低，必须采用保温、采光好的日光温室或大棚栽培。前期还应在棚室内设置 1 ~ 2 层小棚，以防寒保暖、创造适宜山苦瓜生长发育的温度条件。

（3）提前培育嫁接大苗

培育健壮的嫁接大苗是山苦瓜早熟丰产栽培的关键。播种期与栽培地区、保护地类型及其保温性能密切相关。如河北省中南部地区，采用日光温室栽培于 12 月上旬播种，苗龄 50d 左右，具 4 ~ 6 片真叶；采用大棚地膜覆盖栽培，因其保温性能不及日光温室，应适当推迟播种期，苗龄相应缩短。

（4）适时定植，合理密植

早熟栽培施肥量较高，通常结合耕翻整地每亩施优质厩肥 4000 ~ 5000kg，钙镁磷肥或过磷酸钙 60 ~ 80kg，硫酸钾 10 ~ 15kg，而后做畦。采用畦带沟 1.5 ~ 1.6m，单列定植，株距 4m，多采用平棚式；单蔓整枝时，每亩植 40 ~ 60 株，双蔓整枝时每亩植 35 ~ 40 株，如广西的大棚早熟栽培每亩植 40 ~ 60 株；而四川峨眉采用吊挂式双蔓整枝栽培，每亩植 40 株。随着劳动力成本的不断上升，稀植省力栽培模式受到山苦瓜种植者的欢迎。如寿光的日光温室栽培；福建漳州的冬春大棚栽培等多采用行株距4m×4.5m，每亩植35 ~ 40株，多蔓整枝；四川成都的郫都区，大拱棚栽培，行株距为（2.5 ~ 3）m×3m，每亩植70 ~ 80株，上架前只留主蔓或于主蔓基部再留1 ~ 2条健壮侧蔓，上棚架后一般不再整枝。

长江中下游以南区域，大棚或温室栽培多在1月下旬至2月上旬播种，2月下旬至3月下旬定植，嫁接苗多在大型嫁接育苗工场进行，苗龄以4 ~ 5片真叶为宜。

（5）温度管理

定植后应维持较高的棚温，以利于缓苗和初期生长。一般白天控制在30℃，前半夜为22 ~ 24℃，后半夜为20 ~ 22℃。缓苗后白天温度控制在25 ~ 30℃，夜间20℃左右。晴天温度可以高些，阴天可以低些。适宜的温度，一定的温差，充足的光照，是山苦瓜生长结果的基本条件。

（6）肥水管理

结瓜前期，对水肥需求量较少，一般以保持土壤不干为原则，缺水时可小水浇灌，以后结合追肥进行浇水。山苦瓜进入结果期后，茎蔓生长与开花结果均处于旺盛时期，是需要水肥最多的时期，一般每间隔10 ~ 15d，每亩埋施硫酸铵15kg或蔬菜专用复合肥20kg，或顺水冲施硝酸铵20kg。每追施1次化肥浇2次水。不要在棚室撒施氨态氮，以免叶片发生肥害。

（7）搭架绑蔓

山苦瓜抽蔓后应及时设立支架，支架以篱笆架、人字架为好。搭架之后，引蔓上架，蔓长50cm时开始绑蔓，以后每隔4 ~ 5节绑1次蔓。主蔓出现第一朵雌花后，开始整枝，每株留蔓条数据定植密度而定，摘除多余的侧蔓。植株生长至中后期不再进行整枝，但应摘除下部衰老黄叶、老叶和病叶，以利于通风透光。

（8）促进坐瓜

授粉可提高山苦瓜坐瓜率并能促进果实发育。由于日光温室或大棚内风小，昆虫活动少，因此，要进行人工辅助授粉。可于上午 7 ~ 10 时采下盛开的雄花，反转花瓣，将花粉轻轻涂在雌花的柱头上。也可于下午 6 时后采摘翌日待开放的雄花包括花丝，扎成花束，插入有水玻璃瓶中，存放于 25℃左右的室内，待翌日上午棚内温度 18℃以上雌花开放后进行授粉，该方法对早春夜温低于 15℃时，提高雄花粉活力、提高山苦瓜柱头的受精率、增加结果率和果实膨大均有益处。

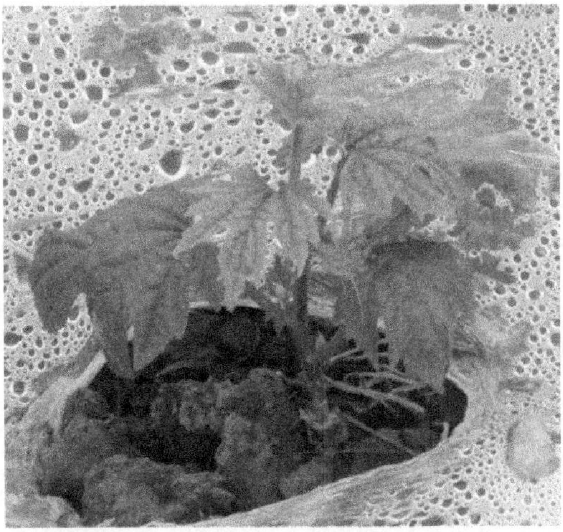

嫁接栽培

第二节 采 收

适时采收是保持山苦瓜良好品质和产量的关键所在，过早或过晚采收，对产量和质量都有很大影响。因此，采收一定要及时、仔细、科学。

一、采收标准

山苦瓜侧枝分生能力强，定植35d左右，侧枝在篱笆架或平棚架上进行爬蔓，不同品种始果节位不同，山苦瓜花后10 ~ 14d即可采收，果实重量5 ~ 40g，山苦瓜瓤的颜色为白色，瓤为红色则采收过晚，影响品质。

二、采收时间

一般在当天9：30之前采摘。第一次采收后，每间隔3 ~ 7d采收1次，随温度升高，采收间隔缩短。晴天中午或下午采收的山苦瓜果实表面容易变褐色，因此采收时间应掌握好。

三、采收方法

采收人员可用剪刀在果柄处剪下，也可用手采摘；能采的果实一定要及时采收，如漏采或迟采，不仅果实变老、质量差，影响食用和加工，而且影响其他果实的生长发育。

四、采后保鲜

将采下来的新鲜果实装入预先准备好的容器内，然后及时进行处理。为保证山苦瓜在售卖时保持最佳状态，采收或装箱时要轻拿轻放，运输箱底部要预先放置一排冰袋或者自制的冰瓶（普通塑料瓶装水冻成冰瓶），冰瓶上铺几层纱布或者报纸以防冻伤果实，保持不变质。采收之后，及时补充营养，追施2%

水溶性肥料，因为收获后若不及时施肥，植株会生长不良，影响产量和品质。在冰箱 2 ~ 5℃冷藏，可以保存 7 ~ 10d，存放过长时间，山苦瓜表面长出黑点，会影响品质和口感。

第三节 福建地区栽培技术

一、露地山苦瓜栽培

1. 适期育苗

漳州地区于春季2月中旬至3月初于小拱棚育苗。将山苦瓜种子在50 ~ 55℃的温水中浸种15 ~ 20min，自然冷却后继续浸种8 ~ 10h，在28 ~ 32℃条件下保湿催芽。待种子露白时即可播种。用营养袋（钵）育苗，也可直接在苗地上育苗，营养土可加1.0% ~ 1.5%钙镁磷肥作基肥，种子播后浇湿并盖上1cm左右厚的营养土，当苗长至3 ~ 4片真叶时定植。

2. 选地定植

选择周边无污染源、空气清新、水源清洁、灌溉水符合农用灌溉质量标准（所含污染物小于2.5mg/kg，铅、铜、硫化物小于1.0mg/L，汞及汞化物小于0.001mg/L，砷及砷化物小于0.05mg/L），土壤无农药残留，最好把前作是种植水生作物的田地作为山苦瓜种植地。定植前深翻土壤，施用腐熟的猪粪22.5t/hm^2、过磷酸钙750kg/hm^2、复合肥375kg/hm^2、含量为100%的硼砂15kg/hm^2作基肥，与土拌匀，将地整成高25cm、宽4.5cm的畦面。3月下旬至4月上旬定植。为了达到最高效益，山苦瓜应采用平架式栽培，株行距比普通苦瓜宽，为400cm × 450cm，定植后应浇足定根水。

3. 田间管理

定植成活后15d应及时浇提苗肥，一般用0.3%尿素或复合肥浇灌，以促进根系伸长，同时插好竹竿引蔓，竹竿长度以2m长为宜，入土20cm。该品种长势强，易分枝，以侧蔓结瓜为主，采收期长，因此植株1m高时应先将主架搭好，架高 180cm 左右，要求牢固结实，上覆网格大小为 25cm×25cm 的尼龙网。当植株抽蔓后引蔓上架，由于山苦瓜分枝性较强，上架前主蔓 180cm 以下的侧枝摘除，以免浪费养分，同时促进主蔓伸长。主蔓上架后，要进行适当的理蔓，保证各个方向有长度大小、粗细一致的侧蔓，以利通风和采光。坐果后，应及时去除病果、虫害果、畸形果，将劣瓜果集中清埋或倒于废弃水池中。山苦瓜需肥需水量大，若缺水、缺肥，植株生长不良，易引起果实畸形和植株早衰。在第 1 朵雌花开放后结合中耕除草施 1 次肥，施进口 45% 三元复合肥 225kg/hm^2，以后根据采收及生长情况及时追肥以使植株不出现褪绿为准，一般 15 ~ 20d 追施 1 次三元复合肥，30d 左右施用速效硼肥 375g/hm^2。

摘去主蔓上的侧枝

4. 病虫害防治

由于山苦瓜抗性强，同时采用棚架式栽培，通风好，几乎没有病害；虫害主要有瓜蚜、瓜绢螟、瓜实蝇。瓜蚜防治上，在虫害刚发生时，可采用物理方法杀除，如利用蚜虫趋黄习性，使用粘虫板，或在黄色的塑料薄板上涂上 1 层黏性明胶，也可涂 1 层机油或糖浆加杀虫剂敌百虫等进行防治，化学防治可选择 3% 啶虫脒乳油、10% 吡虫啉、20% 吡虫啉乳油 8000 ~ 10000 倍液等药剂交替轮换使用。瓜绢螟为害时期多为 7 ~ 9 月，防治上可选用 20% 氰戊菊酯 3000 倍液、苏云金杆菌可湿性粉剂（Bt 粉剂）、5% 氟虫腈 2500 倍液、甲氨基阿维菌素苯甲酸盐等药剂交替轮换使用。瓜实蝇以 6 ~ 11 月为害严重，目前有效的方法是诱杀成虫与药剂防治相结合。成虫诱杀一般利用糖醋药剂（配方：糖 3%、陈醋 2%、敌百虫 1% 加适量的烂香蕉和水调成的水溶液）或台湾产的稳粘。药剂防治可在成虫盛发期，选中午或傍晚喷洒 2.5% 溴氰菊酯 3000 倍液，或绿色 2.5% 高效氯氟氰菊酯 2000 ~ 3000 倍液等，隔 3 ~ 5d 喷 1 次，连续喷 2 ~ 3 次。

5. 适时收获

花后 10 ~ 14d，单果重 30g 左右，应适时采收。

露地山苦瓜平棚架栽培

二、冬季大棚栽培

1. 品种选择

山苦瓜新品种“如玉 45”是福建省农业科学院于 2013 年新选育的一种特殊品种，植株生长势强，分枝力旺盛，主蔓第 1 雌花着生于第 17 节左右，主侧蔓均可结瓜；瓜皮深绿色尖瘤，瓜长 6cm 左右，横径 3cm 左右，单瓜质量 40g

左右；果实两头较尖，橄榄形状，有纵棱尖瘤，肉质脆嫩，苦味较重，回味甘甜，总皂苷含量较高，适合煲汤和深加工；从定植到始收 60 ~ 65d，在福建南部全生育期 270d 左右，一般亩产量 4200kg 左右。

2. 播种育苗

（1）播种期及播种量的选择

在福建省南部一般选择在 10 月中下旬下种，11 月上中旬定植。建议种植密度为每亩 100 ~ 120 株。

（2）种子处理

①**温水浸种及消毒**。种子在 45 ~ 55℃的温水中浸泡 15 ~ 20min，自然冷却后再浸泡 3 ~ 5h。将浸过种的种子放入有效成分为 50% 的多菌灵 1000 倍溶液中，或放入有效成分为 70% 的甲基硫菌灵 800 倍溶液中浸泡 20min，取出洗净。

②**种子催芽。**将处理过的种子用干净湿润纱布包好，种子厚度不宜超过 4cm，置于温度控制在 28 ~ 33℃之间的环境下催芽 2 ~ 3d。催芽过程要保持种子湿润，若发现种皮发滑或长细菌，应及时用温水清洗，种子露白时即可播种。把先发芽的种子挑出先播，没露白的继续催芽，做到每个穴盘出苗整齐。

（3）育苗

①**营养土的配制及消毒。**土壤选好后先做好翻晒、细碎，然后按土肥比为 4 ：1 的比例加入充分腐熟的农家肥。每 1m^3 营养土用 70% 的代森锌可湿性粉剂 60g，或 50% 的多菌灵可溶性粉剂 40g 撒在营养土上，混拌均匀，然后用塑料薄膜覆盖 3 ~ 15d，掀开薄膜后即可装入营养盘待用，育苗盘规格为 72 孔。

②**播种及苗期管理。**播种前 1d 将营养土淋透水，每孔点播 1 粒已发芽的种子，种子上盖厚 0.5cm 的细土。选择在品棚中育苗，白天温度控制在 28 ~ 32℃，夜间温度宜在 16 ~ 22℃。保持苗土湿润，见白时及时补水；为保证瓜苗健壮，苗期可淋 0.3% 三元复合肥澄清水溶液肥，或喷施 0.2% 磷酸二氢钾。可用 75% 可湿性粉剂 800 倍液进行喷施，防治苗期病害。

3. 大棚栽培管理

（1）种植大棚及设施

基肥以腐熟的农家肥为主（每亩 500kg），以复合肥尿素氯化钾钙镁磷肥等化肥为辅（每亩 10kg）。撒施 50% 多菌灵可湿性粉剂，或 50% 甲基硫菌灵可湿性粉剂进行土壤消毒，然后灌水，待土壤干湿适宜时深翻地，整高畦低沟，大棚四周做好排水深沟。在整好的高畦中间铺上 1 条滴灌带，出水孔向上，摆正拉紧，固定好。连接好各条主支管后，打开阀门调试，正常工作即可。覆盖白带黑地膜，要拉紧压实，在白带处按安排好的株距进行打孔，防止伤到滴灌带。

（2）移栽定植

当苗长至 2 叶 1 心壮苗时即可移栽，移栽前 2d 控水。按种植密度开穴，株距行距 250cm × 150cm，将苗带泥块竖直埋入挖好的穴内，培细土至子叶下 1cm 处，随后淋足定根水。

（3）整枝及肥水管理

定植后 3d 补水 1 次，同时查苗和补苗。要及时搭好人字架，引蔓上竿，在植株顶端下约 10cm 处用细绳打一活结固定即可。每株在 30cm 以下只留 2 条侧枝。苗期不用施肥，等到大面积出现花期时要进行第 1 次追施，每亩施复合肥 10 ~ 15kg，要把肥料充分溶解并搅拌注意保持大棚通风，白天温度控制在 32℃以下，防止植株徒长。及时除去畦边的杂草，防止虫害发生。进入盛瓜期后每两周追肥 1 次，并以叶面喷施微肥、磷酸二氢钾等辅助山苦瓜结果期需水量要充分，根据情况及时进行滴灌补水。

（4）辅助授粉

花期要通过加大通风，降低棚内温度，在棚边放养蜜蜂和人工授粉等措施提高坐果率。

（5）病虫害防治

①**物理防治。**高畦深沟，加强防滞，雨后及时排除渍水。深翻土地，增施

有机肥，改良土壤物理结构，提高植株抗病力。

②**生物防治。**坐果期要在架下挂瓜果实蝇黄板或捕蝇器，每亩每次挂 20 个点的密度，诱杀瓜实蝇有翅蚜虫等；利用糖醋液引诱地下害虫，集中杀灭。利用生物农药防治，如采用 Bt 粉防菜青虫、小菜蛾等鳞翅目害虫。

③**药物防治。**山苦瓜的病害主要有疫病、霜霉病、角斑病、白粉病等。防治方法：75% 百菌清可湿性粉剂 600 倍液、锰锌可湿性粉剂 500 ~ 600 倍液、72% 农用硫酸链霉素可溶性粉剂 4000 倍液等轮换使用。每隔 7d 喷 1 次，连续用药 3 ~ 4 次。

4. 及时采收

山苦瓜开花后 10 ~ 14d，单果重 40g 左右，应适时采收，以利后续瓜的生长。主要标准是瓜瘤明显突起、饱满、有刺感。

第六章 DILIUZHANG

山苦瓜逆境生理及其防治

第一节 山苦瓜生理病害诊断及其防治

山苦瓜生理病害包括栽培生理病害和采后生理病害。栽培生理病害又称非侵染性病害，是栽培管理不当或环境条件不适而造成的。采后生理病害是指采前或采后受到某种不适宜的理化环境因素的影响而造成的生理障碍或伤害，如日灼、冷害、冻害、高温伤害、低氧伤害、二氧化碳伤害、机械伤害、氨伤害、光伤害等。山苦瓜的生理病害主要包括其种子、植株、采后生理病害。

一、种子生理病害诊断及其防治

1. 种子发热

（1）症状

山苦瓜种子在贮存期间发热，会造成种子霉烂，影响种子的生活力，降低种子的发芽率。

（2）发生原因

山苦瓜种子在贮存期间含水量较高；贮存环境湿度较高，造成种子吸湿返潮；种子发热，有利于种子上微生物的繁殖，使发热更加剧；种子从低温环境中取出，导致回潮，没有及时翻动晾晒种子。

（3）防治方法

在种子贮存前（特别对后熟的种子），应充分晾晒，使其含水量低于 8%；在暴晒种子后，应摊晾开，充分降温，再放冷库保存。

2. 种子发霉

（1）症状

山苦瓜种子在发芽期间发霉，会造成种子霉烂，降低种子的发芽率，严重时可造成育苗失败。

（2）发生原因

山苦瓜种子质量不高，或破籽多或种子在贮存期已发霉；发芽的种子数量过大，造成处于中心位置的种子缺氧。

（3）防治方法

选用籽粒饱满、无破损、成熟好、发芽率和发芽势高的新种子；采用温汤浸种、药剂浸种等方法进行种子灭菌处理，其中尤以温汤浸种方法简便易行，成本低，且杀菌效果好，保持适宜的催芽温度，山苦瓜种子的适宜催芽温度为30℃左右。

3. 种子不出苗

（1）症状

山苦瓜种子在播种后长时间不出苗或出苗少。

（2）发生原因

播种后病原菌危害种子而影响出苗；播种时，育苗温度长期过低或过高，或基质土水分过多，或缺水干旱使种子出苗受到影响；播种后覆土过厚、出苗困难，或种子被老鼠扒出吃掉。

（3）防治方法

如果温度过低，应采取增温保温措施；如果播种后覆土过厚，可适当切去一层覆土。

4. 种子出苗不齐

（1）症状

早出苗和晚出苗时间前后相差较大；穴盘内幼苗稠稀分布不均匀。

（2）发生原因

山苦瓜种子成熟度不一致，或种子饱满度差异大，或种子新旧混杂等；种子催芽前吸水不足，或在催芽过程中水分、温度、空气等条件不适合，造成萌芽不齐；播种不均匀、穴盘内干湿不均、温度不均、播种后覆土厚薄不均，或因局部病、虫、鼠等的危害。

（3）防治方法

可参照山苦瓜种子发霉和不出苗的有关内容；整平播种畦面，提高浇水质量；覆土厚度一致。冬春育苗时最大限度地提高温度，而秋冬茬播种时需要浇大水和遮光降温，这是实现一次播种保全苗的关键技术环节。

二、植株生理病害诊断及其防治

1. 苗子“戴帽”

（1）症状

山苦瓜幼苗出土时种皮在子叶上没有脱落，而子叶戴着种皮出土的现象。幼苗子叶因种皮夹住不能展开，影响幼苗的光合作用和生长。子叶是秧苗早期主要的养分制造器官。如果“戴帽”不能及时地解除，将影响子叶展开时间或引起子叶损伤、畸形，影响秧苗前期养分的制造。

（2）发生原因

播下的种子种粒瘪小、成熟度差，或苗床内温度低出苗时间过长等，造成其出土能力下降；播种后覆土太薄或覆土太干，使种皮干燥发硬；种子受到病原菌危害。

（3）防治方法

对选种、浸种、播种等，可参照种子发霉、种子不出苗和出苗不齐中的有关内容；在幼苗顶土时，若发现幼苗有戴帽出土的现象，可在苗床内撒一层湿润的细土，根部略加压实；向秧苗上喷水，使种壳湿润，创造子叶自行“脱帽”的条件。必要时要趁种壳湿润的时候，人工帮助摘帽。

2. 幼苗瘦弱

（1）症状

山苦瓜幼苗出土后，长势较瘦弱、茎叶柔嫩，有时幼苗软化而折倒。

（2）发生原因

播下的种子种粒瘪小，或苗床内温度低、出苗时间过长等，造成种子内的营养物质不能满足幼苗生长的需求；播种后覆土过厚或覆土土质过于黏重，种子在出土过程中消耗的营养物质过多。

（3）防治方法

剔除瘪小、破损或霉变的种子，确保种子活力强、营养储备充足。育苗基质疏松透气，避免使用黏重土壤，播种前浇透水，确保基质湿润但不积水。覆土厚度为种子直径的 1 ~ 1.5 倍，过厚会导致出土耗能过多。播种后保持苗床温度 25 ~ 30℃，促进快速出苗，减少营养消耗。出苗后适当降温（白天 22 ~ 28℃，夜间 15 ~ 18℃），防止徒长，出苗后保证每天 6 ~ 8h 光照，阴雨天可用植物补光灯补光。幼苗期保持基质“见干见湿”，避免频繁浇水导致茎叶柔嫩。出现徒长时，可适当控水并喷施 0.15% 磷酸二氢钾壮苗。子叶展平后，喷施 0.1% 尿素 +0.2% 磷酸二氢钾溶液，每周 1 次，连续 2 ~ 3 次。避免氮肥过量，以防茎叶过嫩。对徒长苗可撒少量细土稳根，或用小竹签辅助固定茎基部。

3. 幼苗寒根和沤根

（1）症状

寒根：幼苗根系停止生长，无根毛发生，但根系没有腐烂、仍为白色，只是幼苗矮小，叶片发黄、萎蔫；若时间过久，幼苗会因缺乏营养、水分而死。

沤根：幼苗根部根皮成锈黄褐色腐烂，长期不发新根，主根和须根上无根毛、发黑，造成幼苗叶片变黄，病苗在阳光下萎蔫或叶片干枯脱落，重者逐渐萎蔫而死，如轻轻一提，沤根苗即从苗床上拔起，茎部无病变。可造成幼苗成片死亡。

（2）发生原因

寒根：苗床内温度低于根毛生长的最低温度，造成根毛不生长。

沤根：苗床期的幼苗在遇连续阴雨天、气温下降，通风排湿差；或浇水过多、雨水灌入苗床内，造成苗床内长期高湿、光照不足时或过量施用了没有腐熟的有机肥等，均易发生沤根。

（3）防治方法

在冬春季地温较低时育苗，宜在温室大棚或拱棚穴盘育苗；适量浇水，注意通风及防雨水灌入苗床内；发现沤（寒）根出现时，及时松土，或往苗床内撒一层干细土或草木灰降湿，促发新根。要早发现，可通过灌施萘乙酸促发新根。

4. 秧苗死亡或徒长（高脚苗）

（1）症状

幼苗茎秆细高、茎色黄绿，叶片质地松软、叶身变薄、色泽黄绿，根系细弱。

（2）发生原因

高湿、弱光、高温，特别是高夜温，会造成苗子徒长。

（3）防治方法

一是逐渐加大放风。80% 的幼苗出土时开始通风，逐渐加大通风量，降低温度，特别是夜温。二是使秧苗尽量多见光。即使阴天，只要温度允许，也要揭开温室的草苫或苗床上的塑料薄膜，争取使幼苗多见一些光。三是搞好“片土”。在苗床上定期撒一层潮湿细土，不仅有利于苗床保墒，降低温度，而且有利于促进不定根的发生，这是培育壮苗的一项有效措施。“片土”要等到植株上的水珠干后再进行，一次“片土”厚 1cm 左右，一般进行 2 ~ 3 次。四是发现病株，要及时用药防治。五是控制浇水，不偏施氮肥，如有徒长现象，可用 200mg/kg 矮壮素进行叶面喷雾，苗期喷施 2 次，可控制徒长，增加茎粗，并促根系发育，矮壮素喷雾宜早晚间进行，处理后可适当通风，禁止喷后 1 ~ 2d 内向苗床浇水。

5. 老化苗

（1）症状

幼苗生长缓慢，苗体小，根系老化发锈、不长新根，茎矮化，叶片小而厚，深暗绿色，苗脆硬而无弹性。

（2）发生原因

苗床水分长时间不足，或蹲苗时间过长。

（3）防治方法

严格掌握好苗龄，蹲苗长短要适度；蹲苗时低温时间不宜过长，防止长时间干旱造成幼苗老化。如出现老化苗，除注意温度、水分正常管理外，可喷赤霉素 10 ~ 30mg/kg，一周后幼苗就会逐渐恢复正常。

6. 苗期生理障碍

（1）症状

受害幼苗子叶肥大，生长点无真叶发生，或发生 2 片真叶后，生长点变成盲点，不再发生真叶。真叶皱缩卷曲，或变大变厚；根系稀疏，侧根少。幼苗发生生理障碍后，不能长成正常植株。

（2）发生原因

苗床高温干旱，光照过强，土壤板结或温度波动过大等，均可诱发此病。

（3）防治方法

一是加强苗床管理，合理浇灌，保持苗床土壤疏松湿润。在夏秋高温季节，育苗应覆盖遮阳网，避免光照过强，并喷淋地下水降温。温度波动大时，应注意苗床保温。二是用有机营养活性肥料 600 倍液作叶面喷施或淋施，每 7 ~ 10d 喷（淋）1 次，连续喷（淋）2 ~ 3 次，可促进幼苗根系发育，提高幼苗抗逆性。

7. 烧根

（1）症状

烧根在山苦瓜苗期和成株期均有发生。山苦瓜苗期发生烧根时，根系发干、呈黄色或铁锈色，须根少而短，不发新根，但根部不腐烂。幼苗茎叶生长缓慢、矮小脆硬，叶色暗绿、无光泽，部分子叶和真叶的叶缘抽缩。严重时造成大片幼苗死亡或全部死亡。成株期发生烧根时根尖变黄，不发新根，前期一般不烂根，只表现在地上部生长慢，植株矮小，形成小老苗。烧根轻的植株中午打蔫，早晚尚可恢复，后期由于温度高，地下根系吸收水分不能及时补充地上茎叶蒸腾掉的水分，植株便发生干枯，其症状虽似枯萎病，但纵剖茎部看不到维管束变褐的异常。

（2）发生原因

主要因为施用了大量未经腐熟的有机肥，特别是施用未经腐熟的鸡禽粪。但有时也会因为过量且集中施用速效化肥、加之土壤供水不足所致。

（3）防治方法

施用的有机肥特别是鸡禽粪等一定要充分腐熟；施用的肥料一定要与土壤混匀；定植后不久发现肥烧根时，最好的办法是将苗统一移栽到行间，原来的栽培行变为新的行间；必要时分株灌入萘乙酸和 2.85% 硝 · 萘酸混合液，促进新根的发生。

8. 涝害

（1）症状

受到涝害的植株发生萎蔫，轻的中午萎蔫，早晚尚可恢复，严重时凋萎死亡。

（2）发生原因

地势低洼，地下水位高，田间长时间积水，或大暴雨过后，田间积水不能及时排出。

（3）防治方法

采用高畦育苗，或在苗床四周开挖排水沟；选择地势高、排水良好的地块种植山苦瓜；尽量采用垄作和高畦作或在有可能受淹的地块用无底编织袋装土垫高栽培。科学灌水，严禁大水漫灌；雨后要及时排除田间积水，抓紧中耕松土。发现根系受伤时，要分株灌入萘乙酸和 2.85% 硝 · 萘酸混合液，促进新根发生和根系恢复。叶面喷用多元复合有机活性液肥或微生物活性有机肥等，连用 2 ~ 3 次。

9. 连作障碍

（1）症状

在同一块土地上连续数年种植山苦瓜后，即使在正常的栽培管理条件下，也会出现生长变弱、产量降低、品质下降，甚至不能继续种植的现象，这种现象就是连作障碍。同时，病虫危害严重、土壤理化性质变劣、土壤生态结构被破坏。

（2）发生原因

山苦瓜在生长或腐烂过程中，分泌（或产生）的某些化学物质连年积累，对自身或环境中的其他植物及微生物起抑制作用，或破坏土壤团粒结构；冰山苦瓜的高产量及高复种指数，使土壤没有恢复的时间；山苦瓜连茬种植，造成土壤中养分元素之间不平衡。

（3）防治方法

可进行水旱轮作、粮菜轮作或不同科蔬菜之间实行轮作；合理施用有机肥和化肥，对症改良土壤。夏季 7 ~ 8 月属于高温季节，可用高温闷地覆膜进行土壤消毒。

10. 药害

（1）症状

农药造成的各类有害损伤，使蔬菜作物不能正常生长发育，这些有害损伤称为药害。常出现的损伤有种子不发芽或不能出土，或幼苗叶片变白干枯坏死（以叶缘、叶尖为重）、扭曲停止生长，重者死亡。或植株叶片变色发黄，或萎蔫下垂，或出现白斑、锈斑、褐斑、焦枯、卷曲畸形等。或根系发育不良，落叶、落花、落果，植株生长缓慢，开花结果延迟。重者可造成枯死。山苦瓜风味和商品性降低。

（2）发生原因

错用了农药，或使用了伪劣假冒农药；单位面积上的用药量超过了农药（标签上）使用说明中规定的用水量；在不适宜的施药天气进行施药。

（3）防治方法

在使用（购买）农药前，一定要仔细查看农药标签上的使用说明，对症用（购）药避免使用伪劣假冒农药；要严格按照农药产品标签上使用要求，或在有经验的农技人员的指导下，准确称（量）农药，科学稀释配制农药，以正确的施药技术均匀施药；对幼嫩部位施药，都要小心用药，以防敏感部位受药过多；风速超过微风时（最好在无风时喷洒除草剂），或在雨天，或在植株上有露水时，不能施药；若不慎发生急性型药害，可喷清水冲洗植株表面。

11. 草害

（1）症状

杂草根系发达，能够吸收大量的水分养分，使土壤肥力无效地被消耗，减少了土壤对农作物水分养分的供应。同时，杂草占据农作物生长发育的空间，降低农作物的光能利用率，影响光合作用，抑制作物生长。杂草还使田间郁蔽，给害虫产卵繁殖提供了丰富食料、产卵的场所和繁殖为害的条件；给病害蔓延提供了适宜的环境，扩大了病虫基数，加重了危害。此外，杂草滋生，增加了大田用工，提高了农业生产成本，给农业带来极大损失。

（2）发生原因

杂草具有结实力高的特性，绝大部分杂草结实力高于一般农作物的几十倍或更多，千粒重小于作物种子，一般在 1g 以下，十分有利于传播，如一株苋菜可结 50 万粒种子。杂草的传播方式多种多样。风是最活跃的传播方式，如菊科等果实上有冠毛，便于风传；有的杂草果实有钩刺，可随其他物传播，如苍耳、鬼针草等；有的杂草种子可混在作物种子里、饲料或肥料中传播，也可借交通工具、农具等传播。

（3）防治方法

可采用地膜 + 芽前除草剂，地膜不宜太薄，黑色膜除草效果更好。除草剂宜选用金都尔、乙草胺，如果覆膜时已有较多杂草出土应加配草甘膦。施足底肥，平整好土地后喷除草剂，喷后约 2h 盖膜最好，绷紧薄膜后用土压实四周。田间不覆膜的情况下，禾本科杂草 3 ~ 5 叶期应选用精喹禾灵、高效氟吡甲禾灵等除草剂在晴天施用。结合人工松土、培土，拔除或者锄除杂草。少量杂草要在开花前拔除。无公害种植山苦瓜，则勤割草，以免土壤中的营养成分被杂草吸收。

12. 山苦瓜裂瓜

（1）症状

山苦瓜开花后 2 周至山苦瓜收获前，经常可见山苦瓜果实纵裂或龟裂，果实转红脐部开裂，种子暴露或脱落。

（2）病因

一是成熟后开裂；二是夏季山苦瓜果实进入商品瓜成熟后期突然遇有风雨袭击；三是染有蔓枯病的果实遇风雨袭击，更易开裂。

（3）防治措施

山苦瓜一般开花后 14 ~ 16d 即达到商品成熟度。应在太阳出来之前采收，中午或下午采收的山苦瓜易变黄，不耐贮运，影响商品价值。夏季应掌握在暴风雨来临前及时采收以减少裂瓜。山苦瓜染蔓枯病会使果实易开裂，生产上要及时防治蔓枯病，具体方法参见本章第二节山苦瓜蔓枯病的防治。

13. 低温障碍

（1）危害症状

山苦瓜遇低温，表现出多种症状，轻微者叶片组织虽未坏死，但呈黄白色；低温持续时间较长，多不表现局部症状，往往不发根或花芽不分化，有的可导致弱寄生物侵染，较重的导致外叶枯死或部分叶枯死，严重的植株呈水浸状，随后干枯死亡。

（2）防治措施

一是选用抗寒耐低温品种。二是对幼苗实行低温锻炼。三是选择在晴天定植；霜冻前浇小水；地膜覆盖，高畦栽植；早春注意保温增温。四是受冻后应特别注意缓慢升温，日出后用布帘等遮光，使山苦瓜生理机能慢慢恢复。

14. 营养缺乏症

（1）缺氮

氮元素是组成蛋白质、核酸、叶绿素、酶等有机化合物的重要组分，因此它有“生命元素”的美称。氮是限制植物生长和形成产量的首要因素，在氮磷钾元素中，山苦瓜对氮元素的需求量是最多的。

①**症状。**山苦瓜缺氮时，叶片小，上位叶更小；从下往上逐渐变黄，生长点附近的节间明显短缩；叶脉间黄化，叶脉突出，后扩展至全叶；坐果少，膨大慢，果畸形。

②**发生原因。**质地粗糙的沙性土壤容易缺氮，多是因为这类土壤保肥能力差，速效氮容易流失。生产上常见的是土壤中施入大量未经腐熟的稻壳、麦糠、锯末等，它们在发酵过程中，微生物大量地抢占了土壤中的速效氮而发生的缺氮现象。

③**防治方法。**少量多次地补施氮肥，叶面喷洒尿素 300 ~ 500 倍液，可以迅速缓解缺氮症状。

（2）缺磷

①**症状。**磷可以促进山苦瓜根系生长，提高植株的抗逆性。山苦瓜缺磷时，根系发育差，植株细小，叶小，叶深绿色，叶片僵硬，叶脉呈紫色。尤其是底部老叶表现更明显，叶片皱缩并出现大块水渍状斑，并变为褐色干枯。花芽分化受到影响，开花迟，而且容易落花和化瓜。注意症状出现的时期，由于温度低，即使土壤中磷素充足，山苦瓜也难以吸收充足的磷素，易出现缺磷症。在生育初期，叶色为浓绿色，后期出现褐斑。

②**发生原因。**土壤有效磷含量低、石灰性土壤磷的固定作用造成有效性低、堆肥施用量少、磷肥施用量少等因素易发生缺磷症；地温常常影响对磷的吸收。

温度低，对磷的吸收就少，大棚等保护地冬春或早春易发生缺磷。

③**防治方法。**可将水溶性过磷酸钙与10倍的优质有机肥混合施入植株根系附近，同时与叶面喷肥相结合，可喷0.2%磷酸二氢钾或0.5%过磷酸钙水溶液。

（3）缺钾

①**症状。**山苦瓜缺钾时，生育前期叶缘现轻微黄化，后扩展到叶脉间；生育中后期，中位叶附近出现上述症状，后叶缘枯死，叶向外侧卷曲，叶片稍硬化，呈灰绿色或黄褐色；瓜膨大不良。

②**发生原因。**忽视施用钾肥是缺钾的主要原因；地温低、日照不足、土壤过湿等条件，也会阻碍植株对钾肥的吸收；氮肥施用过多，发生离子拮抗作用，也会使钾吸收受阻。

③**防治方法。**增施农家肥和钾肥。采用配方施肥技术，确定施肥量时应予注意。土壤中缺钾时，每亩条施入硫酸钾10 ~ 15kg，一次性施入。应急时也可叶面喷洒0.2% ~ 0.3%磷酸二氢钾或10%草木灰浸出液。

（4）缺镁症

①**症状。**果实膨大时，靠近果实叶片的叶脉间才开始发黄。在生长后期除叶脉残留绿色外，叶脉间均已变为黄色，严重时黄化部分变为褐色，叶片脱落。

②**发生原因。**在采收旺盛期，植株需镁量增加，但镁供应不足，引起缺镁。连年种植山苦瓜地块易发病。

③**防治方法。**采用测土配方施肥技术，确定施肥量时应予注意，并实行2年以上的轮作。

（5）缺钼症

①**症状。**从果实膨大开始，在成熟的叶片上出现症状。叶脉出现黄斑，叶缘向内侧卷曲，硝态氮多时容易发生。

②**发生原因。**在沙质土、酸性土及多年连茬土壤上，均易出现缺钼现象。

③**防治方法。**在酸性土壤中施用生石灰，以改善土壤中pH值，防止土壤酸化。

应急时每亩叶面喷洒 0.02% ~ 0.05% 钼酸铵溶液 50L，分别在苗期与采收期各喷 1 ~ 2 次。

（6）缺铁症

①**症状。**顶端新叶上表现症状，幼叶和新叶呈黄白色，叶脉残留绿色。

②**发生原因。**主要是在碱性土壤中磷肥施用过量，或地温低，或土壤过干或偏湿，不利根系对铁的吸收；或土壤中铜、锰过多，会妨碍对铁的吸收和利用。

③**防治方法。**不过量使用磷肥，适时浇水，不宜过干、过湿。土壤缺铁时，可每亩施硫酸亚铁（黑矾）2 ~ 3kg 作基肥。

（7）缺硼症

①**症状。**顶端新叶上、茎及叶柄上表现症状。顶部叶缘黄化，叶片变小，节间拉长，生长点枯死。顶端茎及叶柄折断看时，内部变黑色。茎上有木栓状龟裂。

②**发生原因。**主要是在沙壤土、偏碱土及酸性土上一次性施用过量石灰，或土壤干燥时，均影响植株对硼的吸收。或土壤中施用有机肥数量少，或钾肥施用过多等。

③**防治方法。**适时浇水防止土壤干燥。不要过多施用石灰肥料，使土壤 pH 值保持中性。土壤缺硼时，可每亩施硼砂 0.5 ~ 1kg 作基肥。

（8）缺锰症

①**症状。**从新叶开始出现症状，并逐渐向较大的叶片上发展。新叶的叶脉间变为黄绿色，但叶脉仍为绿色。变黄部分不久即变为褐色。

②**发生原因。**主要是土壤偏碱不利于植株对锰的吸收。

③**防治方法。**改良土壤，使土壤 pH 值保持中性；土壤缺锰时，可每亩施硫酸锰或氯化锰 1 ~ 2kg 作基肥；若植株出现缺锰症状时，可叶面喷洒 0.2% 硫酸锰或氯化锰溶液。

（9）缺锌症

①**症状。**从新叶开始出现症状，并逐渐向较大的叶片上发展。叶小呈丛生状，

新叶上发生黄斑，逐渐向叶缘发展，致使全叶黄化。

②**发生原因。**光照过强，或吸收磷过多，或土壤 pH 偏高，或土壤中含磷较高等，均易出现锌缺乏症。

③**防治方法。**不要过量施用磷肥；土壤缺锌时，可每亩施硫酸锌 1.5 ~ 2kg 作基肥；若植株出现缺锌症状时，可叶面喷洒 0.1% ~ 0.2% 硫酸锌溶液。

（10）缺钙症

①**症状。**果实顶部腐烂。

②**发生原因。**过量施用氮肥、钾肥，或土壤干燥、土壤溶液中盐类浓度高，或地温低，或连茬地，均会阻碍植株对钙的吸收和利用。

③**防治方法。**对症采取措施改良土壤，及时浇水，提高地温、增加光照；采用测土配方施肥技术，确定施肥量时应予注意；若植株出现缺钙症状时，可用 0.3% 氯化钙溶液或用 0.1% ~ 0.2% 氯化钙溶液与 50mL/L 萘乙酸溶液混合后叶面喷洒，每 3 ~ 4d 喷 1 次，连喷 3 ~ 4 次。

15. 授粉不良

（1）症状

雌花开放后由于品种或外界因素，造成幼果停止膨大，不发育，且从瓜尖端逐渐变黄，最后整个瓜黄化、萎蔫、干瘪，自行脱落。

（2）发生原因

水肥供应不均衡，偏施氮肥导致化瓜。高温干旱天气影响水分和养分供应。早春低温阴雨天气不利于果实发育。授粉时遇强风暴雨、病虫害如蚜虫、瓜实蝇。生殖生长过旺，雌花数目过多。气候环境不好，如连续阴雨、高温、干旱等。

（3）防治方法

大棚是密闭空间，缺少蜜蜂等虫媒授粉，通风性也不如室外，而且大棚温度通常比较高，影响花粉活力。因此很容易发生授粉不良的现象，当授粉不好时，山苦瓜无法膨胀，发生化瓜。因此种植山苦瓜需要科学管理，可利用雄蜂授粉，开花之前主要施氮肥，开花前和结果后要增施磷钾肥，促进果实膨大。

三、果实采后生理病害诊断及其防治

蔬菜采后生理性病害是指蔬菜采前或采后受到某种不适宜的理化环境因素的影响而造成的生理障碍或伤害。如日灼、冷害、冻害、高温伤害、低氧伤害、二氧化碳伤害、机械伤害、氨伤害、光伤害等。山苦瓜采后生理病害主要是机械伤害、冷害、冻害、气体伤害等。

1. 机械伤害

（1）症状

山苦瓜果实表面受过机械伤害后容易变褐，且易腐烂。

（2）发生原因

由于山苦瓜果实表皮薄、含水多、易损伤，机械伤害后能产生大量的伤呼吸和伤乙烯，伤口易被微生物感染而腐烂。

（3）防治方法

在采摘、分级、包装、贮藏、运输及产品销售等过程中应尽量轻拿轻放，将损伤程度降到最低。

2. 冷害

（1）症状

山苦瓜果实受过冷害后变褐、凹陷，维生素 C 含量迅速减少。

（2）发生原因

贮藏温度低于山苦瓜细胞组织冰点的温度条件下，其果实因对低温不适产生的生理代谢失调。

（3）防治方法

入库前要将山苦瓜放在略高于冷害的临界温度中一定时间，可增加以后低温贮藏时对冷害的抗性；逐渐降温的贮藏方法也可减少或防止冷害；冷藏期间进行一次或数次短期的升温以减少冷害；氯化钙处理可减轻山苦瓜冷害。

3. 冻害

（1）症状

山苦瓜果实冻害后一般表现为水泡状，组织透明或半透明，有的组织产生褐变，解冻后有异味。山苦瓜果实受冻害不能恢复。

（2）发生原因

由于山苦瓜果实在贮藏时遭到细胞液冰点以下的低温，且温度越低，组织受害越快，低温持续时间越长，受害越重；冻结程度不算很深，可缓慢升温，不搬动、移动，解冻后就不会呈现失水、褐变或异味等冻害症状。

（3）防治方法

山苦瓜果实在贮藏时要注意贮藏温度，适宜温度为 8℃左右。

4. 气体伤害

（1）症状

山苦瓜果实表皮局部组织下陷、产生褐色斑点或组织脱水萎蔫甚至形成空腔。

（2）发生原因

山苦瓜果实在贮运中因呼吸作用而释放的某些挥发性气体对贮藏不利，如微量乙烯、过低氧气和过高二氧化碳都可导致生理病害发生。

（3）防治方法

山苦瓜果实在贮藏时要防止气体伤害，只需将果蔬贮藏环境的氧气与二氧化碳浓度控制到一定范围内即可。若采用 MA 贮藏方法，一定注意选择适宜透气性的保鲜袋，并注意管理，以防止保鲜袋内产生过多不适宜气体而造成山苦瓜气体伤害。

5. 氨伤害

（1）症状

山苦瓜果实在贮藏时受到轻微氨伤害，开始是组织发生褐变，进一步使外部变为黑绿色。

（2）发生原因

以氨作制冷剂的大型冷库，由于制冷系统出现故障，或系统本身密闭性差，会出现氨泄漏。因为氨溶解于水中后为强碱性，有较强的破坏作用，氨与山苦瓜果实接触将引起其明显色变和中毒。

（3）防治方法

氨的气味可以用通风或洗涤的方法从库内排出，二氧化硫可以中和氨，但应用时必须注意浓度，以免引起二氧化硫伤害。轻度受害的山苦瓜，当去掉氨之后就可以恢复到原来的生理状态。

第二节 植株侵染性病虫害及其防治

近几年，山苦瓜作为特菜和茶类开发品种，水肥管理加强，产量上升，种植面积扩大，但在栽培中，由于茬口安排不当、环境条件不适宜、菜园不清洁、栽培管理不当等原因，山苦瓜病虫害问题也就凸显出来。从总体看来，山苦瓜的主要病害有炭疽病、白粉病、白绢病、斑点病、病毒病、猝倒病、褐斑病、灰霉病、枯萎病、霜霉病、线虫病和疫病等，主要害虫有白粉虱、瓜蚜、美洲斑潜蝇、瓜亮蓟马、黄守瓜、地老虎、红蜘蛛、山苦瓜绢螟、瓜实蝇等。山苦瓜植株病虫害防治主要分为非化学与化学防治。

随着消费者对山苦瓜的营养价值和药用功能的了解，山苦瓜的种植面积也不断增加，被开发为天然抗氧化保健食品。优质、高产、无公害的山苦瓜是生产种植的目标，在提高经济效益的同时，也能保障消费者的健康。在山苦瓜栽培过程中，为生产出无公害的山苦瓜，在保证土壤、水源、大气无污染外，应多施有机肥，病虫害防治以农业防治为基础、物理及生物防治为主，达到防治指标时，使用高效、低毒的无公害农药进行防治。

一、无公害防治技术应用

无公害防治技术是指在农作物生长过程中，将有毒有害物质控制在安全允许范围内，人们食用后不会对身体健康造成危害，其中有害物质是指农作物中的农药残留、重金属及亚硝酸盐等。在防治上贯彻“预防为主，综合防治”的植保方针，采取以农业防治为主、物理防治和生物防治为重点、无公害农药化学防治为辅的防治措施。山苦瓜生长期长，采收期长达 6 个月，边开花边采收，在病虫害无公害防治上要做到早预防、早防治。

1. 农业防治

（1）培育和推广抗病的山苦瓜品种

在山苦瓜枯萎病的防治上，病菌是土传性病原菌，在土壤中的存活力和致病作用较强，病害防治十分困难，最有效和环保的方法是选用抗病品种。在山苦瓜的育种上，利用山苦瓜资源选育的品种如玉 45 号（BAL–22–31 × 山苦瓜 –45），对枯萎病具有一定的抗病能力。

（2）栽培管理

山苦瓜在育苗期需加强栽培管理，苗床、种植土灭菌，控制温湿度可有效预防苗期病害的发生。定植田间后，加强水分管理，清除田间杂草，消灭病虫的中间寄主，减少初侵染源，提高作物抗病虫能力，结果期及生长后期及时清除田间老、病叶，以利通风透光；同时施用有机肥，增施磷、钾肥，增强植株抗性。

（3）轮作

利用作物间病菌生理小种及害虫择食性不一致的特点，实行作物轮作制度。

（4）耕翻

前作收获后及时耕翻土壤暴晒，可直接或间接杀死土壤中越冬的病菌、害虫，还可改善土壤的理化性质。并及时清除田间病虫残体，以减少翌年病源、虫源基数。

2. 物理防治

物理防治主要应用在山苦瓜害虫的防治上，利用病虫对温度、湿度或光谱、颜色、声音等的反应能力，用调控办法来控制害虫发生。

（1）趋光性

利用害虫趋光性诱杀，如用频振式诱虫灯，可诱杀蛾类成虫。利用蚜虫有避灰色特性，在田间挂银灰膜，可驱赶蚜虫。在田间悬挂诱虫黄板，黄板上的胶可粘住实蝇成虫，兼治蚜虫，减少成虫密度。

（2）隔离法

主要是在病虫与植物之间进行隔离。如在山苦瓜生产上，在结果期进行套袋，可防止实蝇成虫产卵的危害。

3. 生物防治

生物防治是利用有益微生物和微生物代谢产物对农作物病害、虫害进行无公害防治的方法。如利用害虫的天敌如瓢虫、步甲等，利用寄生蜂寄生害虫等。还可利用一些生物杀虫剂如 Bt、白僵菌、绿僵菌、核多角体病毒等微生物制剂，达到防治害虫的目的。对于一些病毒性的病害，可以采用接种弱毒疫苗侵染的方法，达到抵抗病毒强株系的侵染目的。

4. 化学防治

山苦瓜的结果期长，当达到防治指标时，在进行无公害防治的原则下，应选择安全、低毒、高效的药剂，遵循先采收、后施药的原则，并严格执行安全间隔期。在药剂的选择上需根据作物与病害发生的特点选择，同时选择正确的施药方法以充分发挥药效，防止药害发生。尽量轮换使用不同类型的农药，以减少病虫对农药的抗性，尽可能控制用药次数及用药浓度，同时注意施药安全间隔期。目前无公害防治低毒、高效的药剂，可选择生物源农药、植物源农药等及高效低毒无公害农药，防治真菌类病害可以使用百菌清、代森锰锌、阿维菌素、异菌脲等，防治夜蛾类幼虫可以使用 24% 甲氧虫酰肼、噻虫嗪等，防治蚜虫可以使用吡虫啉、啶虫脒、氟啶虫胺腈等。

二、植株病害识别与防治

1. 枯萎病

枯萎病又叫蔓割病、萎蔫病等，主要危害山苦瓜的根和根颈部。在枯萎病防治方面，生产上常采用种子消毒、种苗嫁接、土壤消毒、化学药剂处理等方法，但目前仍缺乏特效防治的化学药剂。致病病原菌鉴定结果表明，山苦瓜枯萎病致病病原菌为尖镰孢菌。尖镰孢菌寄主范围广泛，可以引发 100 余种植物维管束褐变、植株萎蔫，国内外已经报道有黄瓜、西瓜、甜瓜、葫芦、丝瓜等50多个尖镰孢菌专化型。山苦瓜枯萎病病原菌是尖镰孢苦瓜专化型，该病菌高度侵染山苦瓜，除山苦瓜外不侵染其他瓜类作物。病原菌在山苦瓜体内总的侵染过程是通过幼根侵入体内，再随着体内水分由下而上运输，在根茎维管束中传导。镰孢菌在植物体内的侵染过程可通过体内的菌量分布得到反映，有研究指出山苦瓜枯萎病病株茎基部含菌量最高，根部次之，其他部位相对较少。山苦瓜枯萎病菌的生物学特性研究表明，营养条件是尖镰孢菌孢子萌发的主要因素，病菌对氮源利用能力强，对碳源要求不高，山苦瓜茎叶中含有最适宜孢子萌发的营养物质或刺激物质。

（1）病原与为害症状

病原属真菌中的半知菌亚门的山苦瓜专化型尖镰孢菌。以菌丝体、苗核、厚垣孢子在土壤中的病株残体上过冬。病菌的生活力很强，可存活5～6年，种子、粪肥也可带菌。一般病菌从幼根及根部、茎基部的伤口侵入，在维管束内繁殖蔓延。通过灌水、雨水和昆虫都能传病。自幼苗到生长后期都能发病，尤以结瓜期发病最重。幼苗发病时，先在幼茎基部变黄褐色并收缩，然后子叶萎垂；成株发病时，茎基部水浸状腐烂缢缩，后发生纵裂，常流出胶质物，潮湿时病部长出粉红色霉状物（分生孢子），干缩后成麻状。感病初期，表现为白天植株萎蔫，夜间又恢复正常，反复数天后全株萎蔫枯死。也有的在节茎部及节间出现黄褐色条斑，叶片从下向上变黄干枯，叶边缘的叶脉黄化特别明显。切开病茎，可见到维管束变褐色或腐烂。这是菌丝体侵入维管束组织分泌毒素所致，常导致水分输送受阻，引起茎叶萎蔫，最后枯死。

（2）发病特点

病菌在4～38℃之间都能生长发育，但最适温度为28～32℃，土温达到24～32℃时发病很快。凡重茬、地势低洼、排水不良、施氮肥过多或肥料不腐熟、土壤酸性的地块，病害均重。

（3）防治方法

①**轮作。**严格实行三四年以上的轮作，注意选择地势高、排水良好的地块种植山苦瓜。

②**选种。**选用抗病品种，采种时必须从无病植株上留种瓜。

③**种子消毒。**播种前严格种子消毒，一般可用 40% 甲醛 100 倍液浸种 30min，或用 50% 多菌灵 1500 倍液浸种 1 ~ 2h，然后取出用清水冲洗干净后催芽播种。

④**田间管理。**高垄栽培，多施磷、钾肥，少施氮肥。以充分腐熟的有机肥作底肥。发病期间适当减少浇水次数，严禁大水漫灌，雨后及时排水。

⑤**消灭病株。**注意观察，发现病株则连根带土铲除销毁，并撒石灰于病穴，防止扩散蔓延。

⑥**嫁接栽培。**采用丝瓜或南瓜类专用砧木进行嫁接栽培。

⑦**药剂防治。**在山苦瓜生长期或发病初期可选用噁霉灵、咯菌腈、20% 络氨铜·锌、50% 多菌灵或甲基硫多灵 800 ~ 1000 倍液浇灌植株根际土壤，灌药量为每株 300mL 左右。

2. 霜霉病

瓜类霜霉病又叫露水病，主要危害瓜类的功能叶，特别在结瓜期叶片重叠度较大时发病严重。

（1）病原和为害症状

病原菌为真菌中鞭毛菌亚门的藻状菌。主要来自两个途径：一是以孢子囊形态传播发病，二是以卵孢子形态在土中病残叶上越冬，第二年通过风、雨传播侵染植株下部老叶片，然后向上蔓延。一般病菌从叶片的气孔侵入，最初在叶上产生水浸状淡黄色小斑点，扩大后受叶脉限制呈多角形斑，黄褐色，潮湿时病斑背面长出灰色至紫黑色霉（孢子囊），遇连续阴雨则病叶腐烂，如遇晴天则干枯易碎，一般从下往上发展，病重时则全株枯死。

（2）发病特点

发病与降雨早晚、空气湿度、温度有密切关系。山苦瓜霜霉病的孢子是在高湿的黑暗条件下形成，病斑上的孢子囊萌发力从傍晚到夜间最高。当春季气温回升达到 15℃以上且多雨、空气湿度达 85% 以上时，便开始发病。一般孢子囊形成的适温为 15 ～ 19℃，萌发适温为 22 ～ 24℃；气温 20℃时，潜育期只有四五天。多雨潮湿或忽晴忽雨、昼夜温差大的天气，最利于病害蔓延。平均气温高于 30℃，或低于 15℃，病害很少发生。

（3）防治方法

①**选种。**选用抗病品种，培育壮苗，提高抗病能力。

②**加强栽培管理。**施足有机底肥，生长前期适当控制浇水，结瓜时期适当多浇水，但要严禁大水漫灌。

③**合理密植。**植株适当稀植，增强通风透光，可明显降低霜霉病的发生，增加中后期山苦瓜产量。

④**药剂防治。**幼苗在定植前喷一次药，可用 50% 福美双 500 倍液。发病后可交替使用百菌清、烯酰吗啉、霜霉威盐酸盐、丙森锌、甲霜·锰锌、氰霜唑等农药，重点喷洒叶的背面，连续喷 2 次，以控制蔓延。保护地山苦瓜可用百菌清烟雾剂熏蒸，每亩用量 150 ～ 200g，分成七八个点燃烧熏烟。

3. 白粉病

在山苦瓜等瓜类作物上普遍发生，主要发生于叶片上，其次为叶柄和茎蔓。

（1）病原与为害症状

该病为真菌单丝壳属侵染所致。本菌为专性寄生菌，只能在活体上寄生生活。除为害瓜类蔬菜外，还可为害豆类蔬菜、多种草本和观赏植物。它先在植株下部叶片的正面或背面长出小圆形的粉状霉斑，逐渐扩大、厚密，不久连成一片。发病后期使整片叶布满白粉，后变灰白色，最后整个叶片变成黄褐色干枯。叶柄、茎蔓染病时也长出白色粉，病部褪绿，严重时可使茎蔓萎缩。病害多从中下部叶片开始发生，以后逐渐向上部叶片蔓延。

（2）发病特点

该病在田间流行的温度为 16 ~ 24℃。对湿度的适应范围广，当空气湿度在 45% ~ 90% 之间，湿度越大发病越重，超过 95% 时显著抑制病情发展。遇到晴雨交替的闷热天气时病害发展迅速。在植株长势弱或者徒长的情况下，也容易发生白粉病。病菌以菌丝体和分生孢子在田间瓜类或一些杂草的寄主上越冬成为来年的初侵染源，分生孢子通过气流传播进行侵染。

（3）防治方法

①**选用抗病品种。**不同山苦瓜品种对白粉病的抗性不同。一般早熟品种抗性弱，中晚熟品种抗性较强。

②**加强栽培管理。**要重视培育壮苗，合理密植，及时整枝打叶，改善通风透光条件，使植株生长健壮，提高抗病能力。底肥需增施磷、钾肥，生长期间避免过量使用氮肥。

③**药剂防治。**常用的药剂有：20% 三唑酮乳油 2000 ~ 3000 倍液、750g/L 十三吗啉乳油 1000 ~ 1500 倍、30% 氟菌唑可湿性粉剂或 12.5% 腈菌唑乳油 1500 倍液、可湿性硫黄粉 300 倍液、25% 乙嘧酚悬浮剂 1000 倍液、75% 百菌清可湿性粉剂 600 ~ 800 倍液，在保护地中用百菌清烟剂熏烟，兼治霜霉病和白粉病。喷药时要注意中下部老叶和叶背处喷洒均匀。在发病初期，每隔 7 ~ 10d 喷 1 次，连续 2 ~ 3 次，可达到较好的防治效果。

4. 灰霉病

灰霉病腐生性极强，容易在各种动植物的死体上繁殖。由于有强腐生的繁殖力，容易形成传染源，发病条件适宜时发病会很严重，此时防治就比较困难了。灰霉病是棚室山苦瓜的主要病害，多在冬春季发生，一般病瓜率达 15% ~ 25%，重的可达 40% 以上。灰霉病寄主范围广。

（1）病原与为害症状

该病为半知菌亚门灰葡萄孢菌侵染所致。主要以菌核在土壤中或以菌丝及分生孢子在病残体上越冬或越夏。次年适宜条件下侵染山苦瓜。主要危害花、果实、叶片及茎。病菌多从开败的花瓣处浸入，病花腐烂变软，并产生灰色霉层。随后由病花向幼瓜扩展，使病瓜初期顶尖褪绿，呈水渍状软腐，枯萎病部生出霉层；叶片染病多始于叶尖，病斑呈“V”字形向内扩展，初呈水浸状、浅褐色、边缘不规则、具深浅相间轮纹，后干枯表面生有灰霉致叶片枯死。由于脱落的烂花或病须附着在叶面上引起发病，产生大圆形枯死斑，病斑 22 ~ 45mm，边缘明显。烂瓜、烂花等带菌物附着在茎上引起茎部染病，开始亦呈水浸状小点，后扩展为长椭圆形或长条形斑，湿度大时病斑上长出灰褐色霉层。严重的茎蔓折断，整株死亡。

（2）发病特点

在冬春季可在棚室多种蔬菜上发病。病菌靠气流、水溅及农事操作传播蔓延。该病菌 2 ~ 31℃可发育，适温为 23℃，当棚室温度为 15 ~ 23℃、湿度为 90% 以上时发病严重。

（3）防治方法

①**控制侵染源。**本病的分生孢子在健壮的茎叶和果实上的寄生能力弱，主要是容易从伤口和没有活力的异常组织直接侵入。通常从花瓣（花后 2 ~ 3d）开始发病。所以发病前期应及时摘除病叶、病花、病果和下部黄叶、老叶，带到室外深埋或烧毁，保持棚（温）室清洁，减少初侵染源。在田间操作时也要注意区分健株与病株，以防人为传播病菌。

②**加强管理。**合理密植，变温通风，降低棚（温）室的湿度。

③**药剂防治。**选用 30% 嘧霉胺 500 倍、50% 咯菌腈 4000 倍、50% 异菌脲 1000 倍液、水霉菌 600 ~ 800 倍液、乙霉威 800 倍液、65% 甲硫・乙霉威湿性粉剂 1000 ~ 1500 倍液、腐霉利、菌核净 800 倍液等农药交替轮换使用。

5. 蔓枯病

（1）病原与为害症状

无性世代为瓜类壳二孢，有性世代为小双胞腔菌，是一种子囊菌。菌丝体生长温度 5 ~ 35℃，最适温度 25℃。分生孢子在 5 ~ 40℃萌发，最适温度 26 ~ 30℃，各地均有发生，近年来有日趋严重的趋势。产量损失一般达 5% ~ 10%，严重的可达 50%。主要危害叶片、茎蔓和果实。叶片受害，初现褐色圆形病斑，中间多为灰褐色。茎蔓发病，病斑初为椭圆形或梭形，扩展后为不规则形，灰褐色，湿度大时常溢出胶质物，引起蔓枯，病茎折断或全株枯死。果实发病初生水渍状小圆点，逐渐变为黄褐色凹陷，后期病瓜组织软化，呈心腐症。

（2）发病特点

病菌以子囊壳或分生孢子器随病残体在土壤中或种子上越冬，次年病菌通过气流、浇水传播，从气孔、水孔或伤口侵入，引起山苦瓜发病。田间发病后，病部产生分生孢子进行再侵染。气温 20 ~ 25℃，相对湿度大于 85%，土壤湿度大易发病。连作地，种植过密，通风不良，病害发生较重。

（3）防治方法

①**选用抗病品种。**选用抗蔓枯病的山苦瓜品种，播前进行温汤浸种消毒。注意抗病品种需结合合理密植、控湿防病等栽培措施，并定期轮换品种以维持抗性效果。

②**种子处理。**选用无病种子，播种前种子可用 50% 过氧化氢浸种 3h，然后用清水洗净后播种，或用 55 ~ 60℃温水浸种 5 ~ 10min。

③**农业防治。**与非瓜类作物轮作 2 ~ 3 年。收获后彻底清除瓜类作物病残体。施用充分腐熟的有机肥。

④**药剂防治。**发病初期，可选用 70% 甲基硫菌灵可湿性粉剂 600 倍液，或 75% 百菌清可湿性粉剂 600 倍液，或 80% 代森锰锌可湿性粉剂 800 倍液喷雾。

也可用5%百菌清粉尘剂，或50%春雷·王铜可湿性粉剂，每亩用药1kg喷粉。隔7～10d一次，连续用药2～3次。

6. 猝倒病

猝倒病又叫卡脖子、绵腐病。育苗畦中的山苦瓜幼苗，往往会感染此病，造成幼苗成片死亡，导致缺苗断垄，影响用苗计划。

（1）病原与为害症状

猝倒病的病原为真菌中藻状菌的腐霉菌和疫霉菌，以卵孢子在土壤中越冬，由卵孢子和孢子囊从苗基部侵染发病。病菌在土壤中能存活1年以上。种子如在出土前被侵染发病，造成烂种。幼苗发病，茎基部产出水渍状暗色病斑，绕茎扩展后，病部收缩成线状而倒伏。在子叶以下发病，出现卡脖子现象。倒伏的幼苗在短期内仍保持绿色，地面潮湿时，病部密生白色绵状霉，病初局部死苗，严重时幼苗成片死亡。

（2）发病特点

腐霉菌侵染发病的最适温度为15～16℃，疫霉菌为16～20℃，一般在苗床低温、高湿时最易发病，育苗期遇阴雨或下雪，幼苗常发病。通常是苗床管理不善、漏雨或灌水过多，保温不良，造成床内低温潮湿条件时，病害发展快。

（3）防治方法

①**加强管理。**选择地势高燥、水源方便，旱能灌、涝能排，前茬未种过瓜类蔬菜的地块作育苗床，床土要及早翻晒，施用的有机肥料要充分腐熟、均匀，床面要平，无大土粒，播种前早覆盖，提高床温到20℃以上。

②**培育壮苗。**可以提高植株抗性。幼苗出土后进行中耕松土，特别在阴雨低温天气时，要重视中耕，以减轻床内湿度，提高土温，促进根系生长。连续阴雨后转晴时，应加强放风，中午可用草席遮阴，以防烤苗或苗子萎蔫。如果发现有病株，要立即拔除烧毁，并在病穴撒石灰或草木灰消毒。

③**实行苗床轮作。**用前茬为叶菜类的阳畦或苗床培育冬季瓜苗。旧苗床或

常发病的地畦，要换床土或改建新苗床，否则要进行床土消毒保苗。方法是，按每平方米用甲基硫菌灵、苯菌灵或苯并咪唑 5g，和 50 倍干细土拌匀，撒在床面上。也可用五氯硝基苯与福美双（或代森锌）各 25g，掺在半潮细土 50kg 中拌成药土，在播种时下垫上盖，有一定保苗效果。

④**喷药防治。**当幼苗已发病后，为控制其蔓延，可用铜铵合剂防治，即用硫酸铜 1 份、碳酸铵 2 份，磨成粉末混合，放在密闭容器内封存 24h，每次取出铜铵合剂 50g 冲清水 12.5L，喷洒床面。也可用硫酸铜粉 2 份，硫酸铵 15 份，石灰 3 份，混合后放在容器内密闭 24h，使用时每 50g 兑水 20L，喷洒畦面，每 7 ~ 10d 喷一次。也可用 722g/L 霜霉威盐酸盐 1000 倍或 58% 甲霜・锰锌可湿性粉剂 500 倍液，或 75% 百菌清可湿性粉剂 600 倍液，或 64% 噁霜・锰锌可湿性粉剂 500 倍液喷洒畦面。

7. 根结线虫病

（1）病原与为害症状

此病主要危害山苦瓜根部，受害植株表现为侧根和须根比正常植株增多，在幼嫩的须根上形成球形或不规则形瘤状物，大小随线虫寄生时间长短和数量而异，单生或串生。瘤状物初为白色，质地柔软，后呈褐色或暗褐色，表面粗糙、龟裂。受害植株多在结瓜后表现症状，地上部长势衰弱，叶片由下向上变黄、坏死，至全株萎蔫死秧。

（2）发病特点

线虫主要以雌成虫在根结内排出的卵囊团随病残体在保护地土壤中越冬。温度回升，越冬卵孵化成幼虫，或部分越冬幼虫继续发育在土壤表层内活动。幼虫在根结内发育为成虫，并开始交尾产卵。卵在根结内孵化，一龄幼虫留在卵内，二龄幼虫钻出寄主进行再侵染。土温 20 ~ 30℃，湿度 40% ~ 70% 条件下线虫繁殖快，容易在土内大量积累。一般地势高燥、土质疏松，以及缺水缺肥的地块或棚室发生较重，通常温室内重于大棚，大棚又重于露地。此外，重茬种植发病较重。

（3）防治方法

无病土育苗，病害常发区选用无虫土或大田土育苗，施用不带病残体或充分腐熟的有机肥，也可用基质育苗，同时注意防止人为传播。重病地块收获后应彻底清除病根残体，深翻土壤 30 ~ 50cm，在春末夏初进行日光高温消毒灭虫。即在前茬拉秧后分别施生石灰和碎稻草 4.5 ~ 7.5t/hm2，翻耕混匀后挖沟起垄或作畦，灌满水后盖好地膜并压实，再密闭棚室 10 ~ 15d，可将土中线虫及病菌、杂草等全部杀灭。处理后注意增施生物菌肥。药剂可选用 1.8% 阿维菌素乳油 10 ~ 15L/hm2 兑水均匀施于苗床，或施于定植沟或定植穴后再播种或定植。还可选用 98% ~ 100% 棉隆微粒剂 75 ~ 120kg/hm2，均匀撒施或沟施于 20cm 表层土内，施药后立即覆土、洒水封闭或盖膜 7 ~ 12d 后，松土放气 3 ~ 10d，再播种或定植。

8. 疫病

山苦瓜疫病可危害植株的每一部位。在山苦瓜将成熟时的多雨季节，突然发病烂瓜，造成损失很大。

（1）病原与为害症状

山苦瓜疫病的病原属真菌中的藻状菌，主要在土壤中或病株残体上越冬，山苦瓜种子也能带菌，第二年育苗时直接侵染幼苗。病斑上的病菌，借雨水灌溉水传播蔓延。叶片发病病斑呈黄褐色，在潮湿环境下长出白霉并腐烂；蔓基部和嫩蔓节部发病初为暗绿色，水浸状，后变淡褐色，缢缩变细，病部以上叶片萎蔫枯死；果实发病生暗绿色近圆形水渍状病斑，无明显边缘，很快扩展至整个果面，产生黏稠状液，逐渐软腐缢缩凹陷，表面生灰白色稀疏霉状物（孢子囊及孢囊梗），迅速腐烂。

（2）发病特点

病原菌致病适温为 27 ~ 31℃。通常在 7 ~ 9 月间发生。前旱后雨或者果实进入成长期浇大水，土壤含水量突然增高，容易引起发病。在低洼、排水不良、重茬地块发病严重，地爬山苦瓜比架苦瓜发病严重。

（3）防治方法

①**选好地块。**要选择地势高、排水良好的壤土或沙壤土栽培山苦瓜。

②**实行轮作。**对山苦瓜的种植地要求实行 3 ～ 4 年以上的瓜菜或瓜粮轮作。

③**加强田间管理。**多施有机肥，促进植株生长健壮、根深叶茂，提高抗性，实行高垄（畦）栽培。雨季适当控制浇水，雨后及时排涝，做到雨过地干；遇干旱及时浇水，浇水时严禁大水漫灌，并应在晴天下午或傍晚进行。

④**消灭中心病株。**平时注意观察，发现病株，立即拔除，病穴用石灰消毒。

⑤**药剂防治。**发病前喷洒 1 ∶ 1 ∶ 250 倍的波尔多液，发病期间可选用甲霜灵、甲霜·锰锌、霜霉威盐酸盐、烯酰吗啉·代森锰锌等药剂轮换交替使用，要求喷药周到、细致，所有叶片、果实及附近地面都要喷到，每隔 7 ～ 10d 喷 1 次，连喷 3 ～ 4 次。灌根用 25% 甲霜灵＋ 40% 福美双各 800 倍。

9. 病毒病

（1）病原与为害症状

在中国主要病原为黄瓜花叶病毒（CMV 或 CGMV）和西瓜花叶病毒（WMV）单独或复合侵染引起。病状表现分为花叶型、皱缩型和混合型。花叶型最为常见，全株受害，尤以顶部幼嫩茎蔓症状明显。早期感病植株叶片变小、皱缩，节间缩短，全株明显矮化，不结瓜或少结瓜；中期或后期感病，中上部叶片皱缩，叶片浓绿不匀，幼嫩蔓梢畸形，生长受阻，瓜变小或变形扭曲。严重影响瓜的产量和品质。

（2）发病特点

病毒由蚜虫、粉虱、蝴蝶等昆虫以及人工摘花、摘果、整枝、绑蔓等田间作业传播，种子也能传染。高温、强日光、干旱、土壤水分不足有利于病害发生。

（3）防治方法

①**选种。**选用抗病品种，从无病株上留种，播种前进行种子消毒。

②**田间管理。**加强苗床肥水管理，施用腐熟的有机肥，前期加强中耕，促进根系发育，植株健壮，增强抗病能力。田间整枝、绑蔓实行专人流水作业，减少交叉传染。

③**轮作。**实行3～5年的轮作，消灭田间寄主杂草，发现病株立即拔除烧毁。

④**害虫防治。**苗期注意防治蚜虫和温室白粉虱。可选用2.5%溴氰菊酯乳油1500倍液、10%吡虫啉或3%啶虫脒800倍液喷洒，重点喷叶背和生长点部位。

⑤**药剂防治。**可选用20%盐酸吗啉胍、高锰酸钾1000倍、2%氨基寡糖素等农药交替使用。

10. 细菌性角斑病

细菌性角斑病是棚室山苦瓜易流行的一种病害，各地均有发生。一般发病率达30%～50%，严重时可使植株中下部叶片全部坏死。

（1）病原与为害症状

主要危害叶片，也可危害茎和果实，全生育期都可发生。叶片发病，初生黄褐色水浸状小斑点，扩大时受叶脉限制呈多角形或不规则形灰褐斑，易穿孔或破裂。茎部发病，呈水渍状浅黄褐色条斑，后期易纵裂，清晨或湿度大时可见到乳白色菌脓，果实发病，初呈水渍状小圆点，迅速扩展，小病斑融合成大斑；果实软化腐烂，湿度大时瓜皮破损，种子外露，病部呈油渍状凹陷，最后全瓜腐败脱落。有时病菌表面产生灰白色菌液，干燥条件下，病部坏死下陷，病瓜畸形干腐。

（2）发病特点

该病由丁香假单胞杆菌黄瓜角斑病致病变种侵染所致，属细菌病害。病菌随病残体在土壤中或在种子上越冬。病菌可在种皮内外存活1～2年，若播种带菌种子，病种萌发侵染子叶引起幼苗发病，后扩展到真叶上。借雨水或灌溉水传播，病菌经气孔、水孔或伤口侵染瓜秧下部叶片或瓜条引起发病。发病后，病部溢出菌脓，借风雨、浇水、叶面结露和叶缘吐水再次传播，媒介昆虫、农事操作也可传播。棚室内空气相对湿度90%以上，温度24 ~ 28℃时会引发该病。重茬田、种植过密、通风不良、排水不畅、管理粗放，会加重发病。

（3）防治方法

①**种子处理。**从无病田选取无病的种子。对可能带菌种子，可用40%甲醛150倍液浸种1.5h，或用农用硫酸链霉素或氯霉素500倍液浸种2h，用清水洗净后催芽播种，也可用种子重量0.4%的47%春雷·王铜可湿性粉剂拌种。

②**农业防治。**与非瓜类作物轮作2 ~ 3年，采用高畦地膜覆盖栽培，适时放风排湿，避免田间积水和漫灌，收获后清洁田园。

③**药剂防治。**采用喷粉法可在发病初期，棚室可用50%春雷·王铜可湿性粉剂，每亩用药1kg，隔7 ~ 10d一次，连续或与其他方法交替使用2 ~ 3次；采用喷雾法可在发病初期，喷洒47%春雷·王铜可湿性粉剂800倍液，或72%农用硫酸链霉素4000倍液，或77%氢氧化铜可湿性粉剂800 ~ 1000倍液，或50%琥胶肥酸铜可湿性粉剂500倍液，或25%的叶枯唑500倍液，或20%噻菌铜400 ~ 600倍液，隔7 ~ 10d一次，连续3次。

11. 菌核病

近年来在保护地发病较重，引起死秧，而露地栽培很少发生。

（1）病原与为害症状

主要在茎和瓜上发病。茎蔓发病时初在病部产生褐色水浸状褪色病斑，湿度大时病部长出茂密白色菌丝，病部以上叶萎凋枯死。瓜上发病多从花器感染，初呈水浸状软化，其表面密生绒毛状白霉，后期亦产生黑色菌核。

（2）发病特点

由子囊菌亚门核盘菌引起，本菌的发育适温是15 ~ 24℃，子囊孢子的发芽温度是16 ~ 28℃，湿度为100%。子囊孢子在幼果上接种试验：在

10 ~ 15℃时迅速发病，20 ~ 25℃时发病较缓慢，30℃以上不发病。所以大棚冬季栽培在 11 至次年 3 月的低温期发病多，特别是室内最低气温 10℃以下连续数日时，发病严重。由于子囊盘上的子囊孢子在空气中喷发，附着在作物的各个部位，但子囊孢子一般只在老衰的花瓣、枯死的雌蕊、生理上枯死的腋芽和卷须、受伤的茎、昆虫的尸体上，在适宜的温湿条件下迅速萌发侵入作物，形成菌丝，但健壮部不发病。也就是说子囊孢子入侵的门户，腐生物是必要条件。

（3）防治方法

①**田间管理。**深翻，使菌核不能萌发。实行轮作，培育无病苗。

②**控制侵染源。**及时清除田间杂草，铺地膜覆盖栽培，抑制菌核萌发及子囊盘出土。发现子囊盘出土，及时铲除，集中销毁。

③**通风排湿。**加强管理，注意通风排湿，减少病菌传播蔓延。

④**烟雾法或粉湿法。**棚室采用烟雾法或粉尘法于发病初期，每亩用 10% 腐霉利烟剂 250 ~ 300g，熏一夜，也可于傍晚喷洒 5% 百菌清粉尘剂，每亩 1kg，隔 7 ~ 9d 一次。

⑤**药剂防治。**早预防，早发现，看到病斑后再治疗往往较困难。可选用菌核净、腐霉利、异菌脲、咯菌腈、嘧霉灵、甲硫·乙霉威等农药交替轮换使用。

12. 炭疽病

（1）病原与为害症状

由瓜类刺盘孢引起、发生在苦瓜上的病害。山苦瓜整个生产期间的茎叶蔓及瓜条均可发病。当夏季温度在 24 ~ 28℃的多雨时段，经常可见到果实染病现象，病斑初期呈水浸状，淡绿色，近圆形，扩大后变黄褐色或暗褐色，病部稍凹陷，但不深入果皮内部，中部常开裂。在潮湿环境中，病斑表面常产生粉红色黏状物。

（2）发病特点

湿度和温度都对该病害有所影响，空气湿度越大，越容易发病；温度在

10 ~ 30℃时可发病，24℃左右发病最重，28℃以上发病轻，病株率为 8% ~ 20%，严重时可达 30% ~ 50%，减产 10% 左右，严重时损失 30% 以上。

（3）防治方法

①**种子消毒。**用 50% 过氧化氢浸种 3h，然后用清水冲净后播种。或将种子放于 56℃的温水中浸泡，当冷却到室温后再继续浸泡 24h，然后置于 30 ~ 32℃条件下催芽，芽长 3mm 时播种。

②**通风排湿。**棚室栽培要加强通风排湿，使棚内湿度保持在 70% 以下，减少叶面结露和吐水。

③**合理施肥。**注意氮、磷、钾三要素配合施用。

④**轮作。**与非瓜类蔬菜作物实行 3 年以上轮作。

⑤**合理密植。**及时引蔓上架并整枝。

⑥**选种。**选用抗病性强的品种。

⑦**药剂防治。**发病初期喷洒 25% 咪鲜胺 + 多菌灵可湿性粉剂 800 ~ 1000 倍液，或 70% 甲基硫菌灵可湿性粉剂 700 ~ 800 倍液加 75% 百菌清可湿性粉剂 700 ~ 800 倍液，或 50%异菌脲可湿性粉剂 800 ~ 1000 倍液，或 50% 苯菌灵可湿性粉剂 1000 ~ 1500 倍液，或 80% 福美双可湿性粉剂 800 倍液，或 2% 嘧啶核苷类抗生素水剂 200 ~ 300 倍液，或 50% 多菌灵可湿性粉剂 500 ~ 600 倍液，或 70%代森锰锌可湿性粉剂 600 ~ 800 倍液，或 50% 异菌脲可湿性粉剂 800 倍液 +70% 甲基硫菌灵可湿性粉剂 600 倍液，或 69% 烯酰吗啉锰锌 +70% 百菌清（1 ： 1）1000 ~ 1500 倍液，或 20% 三唑酮 + 多菌灵可湿性粉剂 1000 倍液，或 25% 咪鲜胺乳油 800 ~ 1000 倍液，或 50%咪鲜胺锰盐可湿性粉剂 1000 ~ 1500 倍液，或 25% 溴菌腈可湿性粉剂 500 倍液，间隔 7 ~ 10d 喷施 1 次，连续防治 4 ~ 5 次。在喷施药液的同时，如能加入 1.8% 复硝酚钠 5000 ~ 6000 倍液或氨基酸精馏液 600 ~ 800 倍液，可有药肥兼收之效。

13. 白绢病

（1）病原与为害症状

病原为半知菌亚门的齐整小菌核，有性世代为担子菌，但很少出现，菌丝白色棉絮状或绢丝状，属高温菌，主要为害茎基部。病菌在茎基部缠绕白色菌索或菜籽状茶褐色小核菌，患部变褐腐烂。土表可见大量白色菌索和茶褐色菌核。

（2）发病特点

病菌以菌核或菌索随病残体遗落土中越冬，翌年条件适宜时，菌核或菌索产生菌丝进行初侵染，病株产生的绢丝状菌丝延伸接触邻近植株或菌核借水流传播进行再侵染，使病害传播蔓延，高温多湿、连作地、土壤偏酸、通透性好的沙壤土、施用未腐熟的土杂肥发病重。

（3）防治方法

①**田间管理。**重病地避免连作。

②**病株防治。**及时检查，发现病株及时拔除、烧毁，病穴及其邻近植株淋灌 5%井冈霉素水剂 1000 ~ 1600 倍液，或 20% 甲基立枯磷乳油 1000 倍液，每株（穴）淋灌 0.4 ~ 0.5kg。

③**控制扩展。**用培养好的哈茨木霉 0.4 ~ 0.45kg，加 50kg 细土，混匀后撒覆在病株基部，能有效地控制该病扩展。

14. 斑点病

（1）病原与为害症状

白斑病是由山苦瓜尾孢引起的真菌性病害。主要为害叶片，叶片初现近圆形褐色小斑，后扩大为椭圆形至不定形，色亦转呈灰褐至灰白，严重时病斑汇合，致叶片局部干枯。潮湿时斑面现小黑点，即病原菌分生孢子器，斑面常易破裂或成穿孔。

叶枯病又名褐斑病，由瓜链格孢菌引起的真菌性病害，主要危害叶片。初在叶面现圆形至不规则形褐色至暗褐色轮纹斑，后扩大到直径 2 ~ 5mm，病情严重的，病斑融合成片，致叶片干枯。

（2）发病特点

白斑病以菌丝体和分生孢子器随病残体遗落土中越冬，成为翌年的初侵染源。在南方温暖地区，周年都有山苦瓜种植，病菌越冬期不明显。分生孢子借雨水溅射辗转传播，进行初侵染和再侵染，高温多湿的天气有利本病发生，连作地、低洼郁蔽处，或偏施氮肥发病重。

叶枯病由瓜链格孢菌以菌丝体、分生孢子在病残体上或种子表面越冬，成为初侵染源。病菌借气流或雨水传播，直接侵入叶片，并进行再侵染。气温14～36℃，相对湿度80%以上始发病。相对湿度大于90%易发病。连作地，偏施氮肥、排水不良、湿气滞留处发病重。

（3）防治方法

①**田间管理。**在重病区避免连作，注意田间卫生和清沟排渍。

②**施肥管理。**避免偏施氮肥，适当增施磷钾肥，在生长期定期喷施叶面肥促植株早生快发，减轻危害。

③**药剂防治。**结合防治山苦瓜炭疽病喷洒70%甲基硫菌灵可湿性粉剂800倍液加75%百菌清可湿性粉剂800倍液，或40%多硫悬浮剂500倍液，或64%噁霜·锰锌可湿性粉剂800倍，或80%代森锰锌可湿性粉剂600倍液可兼治本病。

三、虫害识别与防治

1. 瓜蚜

瓜蚜也叫棉蚜，俗称蜜虫、油虫、油汗等，属同翅目蚜科。瓜蚜是世界性的害虫，在中国也遍布各地。瓜蚜的寄主种类很多，主要为害温室、大棚的多种瓜类及茄科、豆科、菊科、十字花科等多种蔬菜。瓜蚜的成虫及若虫栖息在瓜类叶片背面和嫩梢嫩茎上吸食汁液。瓜前嫩叶及生长点被害后，植株提前枯死，大大缩短了结瓜期，减少瓜的产量。此外，瓜蚜能传播病毒病。

（1）发生特点

瓜蚜每年发生代数因地区及气候条件不同而有差异，华北地区一年发生10 ~ 20代，长江流域20 ~ 30代。由于瓜蚜无滞育现象，因此，只要具有瓜蚜生长繁殖的条件，无论南方还是北方都可周年发生。北方冬季可在温室大棚的瓜类上继续繁殖。在中国北部和中部地区一般以卵在木棉、花椒、石榴、木芙蓉、扶桑、鼠李的枝条和夏枯草的基部越冬。第二年春季，当气温稳定到6℃以上（南方在2月间，长江中下游在3月中旬，北方在4月间），越冬卵开始孵化。越冬卵孵化一般多与越冬寄主叶芽的萌芽相吻合。当气温达12℃时，在冬寄主上行孤雌胎生繁殖2 ~ 3代。在4月至5月初，产生有翅胎生雌蚜，从冬寄主迁飞到瓜田和棚室内繁殖为害。秋末冬初气温下降，不适于瓜蚜生活时，瓜蚜就产生有翅蚜，逐渐有规律地向冬寄主转移。在北方地区，越冬期间棚室内的瓜蚜是春季棚室和露地瓜类作物的主要虫源。瓜蚜活动繁殖的温度范围为6 ~ 27℃、16 ~ 22℃最适于繁殖。内陆地区超过25℃，南方地区超过27℃，空气相对湿度75%以上，不利于瓜蚜繁殖。瓜蚜繁殖速度与气温关系密切，夏季4 ~ 5d一代，春秋季10余天一代，冬季棚室内蔬菜上6 ~ 7d一代。每头雌蚜可产若蚜60 ~ 70头，且世代重叠严重，所以瓜蚜发展迅速。

瓜蚜具有较强的迁飞和扩散能力。瓜蚜的扩散主要靠有翅蚜的迁飞、无翅蚜的爬行及借助于风力或人的携带。瓜蚜对葫芦科瓜类的危害时间主要在春末夏初，秋季一般轻于春季。春末夏初正是大田瓜类的苗期，受害最烈。干旱气候有利于瓜蚜发生，夏季在温度和湿度适宜时，也能大量发生。一般离瓜蚜越冬场所和越冬寄主植物近的瓜田和温室大棚受害重，窝风地也重。有翅蚜对黄色有趋性，对银灰色有负趋性，有翅蚜迁飞还能传播病毒。瓜蚜的天敌很多。在捕食性天敌中，蜘蛛占有绝对优势，约占天敌总数的75%以上。此外，还有瓢虫、草蛉、食蚜蝇、蚜茧蜂等多种天敌。

（2）防治方法

①**生物防治。**选用高效低毒的农药，避免杀伤天敌。有条件的地方可人工助迁或释放瓢虫（以七星瓢虫和异色瓢虫为好）和草蛉来消灭蚜虫。

②**物理防治。**育苗时小拱棚上覆盖银灰色薄膜，定植后，大棚四周挂银灰膜条，棚室的放风口设置纱网，减少蚜虫迁入。用 30cm × 60cm 的木板或纸板，漆成黄色，外涂机油，均匀插于棚室内，可诱杀有翅蚜，减少为害。

③**药剂防治。**可采用烟雾法、喷雾法等。

烟雾法：用 22% 敌敌畏烟剂每亩 0.5kg，分放 4 ~ 5 堆，用暗火点燃，闭棚熏烟 3 ~ 4h。

喷雾法：用 10% 吡虫啉可湿性粉剂 1000 倍液，或 2.5% 高效氯氟氰菊酯乳油 3000 倍液，或 20% 氰戊菊酯乳油 3000 倍液，或 2.5% 联苯菊酯乳油 3000 倍液，或 5% 鱼藤酮乳油 500 倍液喷雾。喷洒时应注意使喷嘴对准叶背，将药液尽可能喷到瓜蚜体上。为避免瓜蚜产生抗药性，应轮换使用不同类型的农药。

2. 黄守瓜

在瓜类蔬菜上常见的守瓜类害虫有 4 种：黄足黄守瓜、黄足黑守瓜、黑足黄守瓜、黑足黑守瓜。均属鞘翅目，叶甲科。其中棚室栽培中最主要的守瓜类害虫是黄足黄守瓜，又名萤火虫、瓜守、黄守瓜等。该虫分布广，几乎中国各省均有发生。该虫食性杂，主要为害葫芦科的黄瓜、南瓜、西葫芦、芋葫、丝瓜、苦瓜、西瓜、甜瓜、佛手瓜等，也可为害十字花科、茄科、豆科等蔬菜。成虫取食瓜苗的叶和嫩茎。把叶片食成环或半环形缺刻，咬食嫩茎造成死苗，还为害花及幼瓜。幼虫常在土中咬食根茎和瓜根，常使瓜秧萎蔫死亡。也可蛀食贴地面生长的瓜果。对此虫防治不及时，往往造成较大幅度减产和降低瓜果品质。

（1）发生特点

黄足黄守瓜在华北及长江流域一年发生 1 代，部分地区发生 2 代，华南地区一年发生 3 代，以成虫在地面杂草丛中群集越冬。在北方棚室保护地瓜菜与露地瓜菜栽培茬相衔接或交替、全年栽培瓜类蔬菜的地区，黄守瓜于棚室保护地转移露地，或从露地转入棚室保护地，可一年发生 2 代，甚至于冬暖大棚内出现 3 代幼虫。在露地年 1 代区，越冬成虫 5 ~ 8 月产卵，6 ~ 8 月为幼虫危害期，以 7 月为害最甚，8 月成虫羽化后咬食为害秋季瓜菜，10 ~ 11 月逐渐进入越冬场所。在冬暖大棚及温室内，成虫多于 2 ~ 6 月产卵，3 ~ 6 月为幼虫为害期，以 5 月冬春茬瓜类作物结瓜盛期为害最甚，6 月下旬至 7 月上旬羽化为成虫，第二代幼虫为害期在 7 ~ 11 月，主要为害秋冬茬和越冬茬瓜类蔬菜秧苗和伏茬的瓜果，11 月后又以成虫寄生于棚室内，冬季咬食瓜叶。黄足黄守瓜成虫喜在温暖的晴天活动，早晨露水干后取食。成虫的飞翔力较强，稍受惊扰即坠落，一段时间后再展翅飞翔。成虫具有假死性。越冬成虫寿命很长，在北方可达 1 年左右。成虫对黄色有趋性且喜欢取食瓜类的嫩叶，常常咬断瓜苗的嫩茎，因此瓜苗在 5 ~ 6 片真叶以前受害最严重。在开花前主要取食瓜叶，成虫常以自己的身体为半径旋转咬食一圈，使叶片成干枯的环形或半圆形食痕及圆形孔洞，这成为黄守瓜为害的典型特性。该虫在山苦瓜开花后还可为害瓜花和幼瓜。雌虫一生可产卵 150 ~ 2000 多粒。卵多产在寄主根部附近的土表凹陷处，成堆或散产。幼虫蛀食主根后，叶子瘪缩，蛀入茎基则地面瓜藤枯萎，甚至全株死亡。幼虫可转株为害。高龄幼虫还可蛀食地面的瓜果。

（2）防治方法

①阻隔成虫产卵。采用全田地膜覆盖栽培，在瓜苗茎基周围地面撒草木灰、麦芒、麦秆、木屑等，以阻止成虫在瓜苗根部产卵。

②适当间作套种。瓜类蔬菜与十字花科蔬菜、莴苣、芹菜等蔬菜套种间作，瓜苗期适当种植一些高秆作物。

③药剂防治。瓜类蔬菜对不少药剂比较敏感，易产生药害，尤其苗期抗药力弱，要注意选用适当的药剂，严格掌握施药浓度。

防治成虫可用 90% 敌百虫晶体 1000 倍液，或 50% 辛硫磷乳油 1000 倍液，或 50% 马拉松乳油 1000 乳液，或 2.5% 溴氰菊酯乳油 3000 倍液，或 10% 氯氰菊酯乳油 3000 倍液喷雾。

防治幼虫可用 50% 辛硫磷乳油 1000 倍液，或 90% 敌百虫晶体 1000 倍液，或 5% 鱼藤酮乳油 500 倍液，或烟草浸出液 30 ~ 40 倍液灌根，可杀死土中幼虫。

3. 地老虎

包括小地老虎、黄地老虎、白边地老虎、警纹地老虎、大地老虎等。为害蔬菜的主要是小地老虎和黄地老虎，而分布最广、为害最严重的是小地老虎。

（1）发生特点

小地老虎又叫地蚕、土蚕、黑土蚕，是一种杂食性、为害较大的地下害虫。主要以初孵化的幼虫群集在瓜苗心叶和幼嫩根茎部昼夜为害，将叶吃成小孔或缺刻，或将嫩茎咬断，造成缺苗断垄。3 龄前幼虫大多在植株的心叶里，也有的藏在土表、土缝中，昼夜取食植物幼嫩部位。3 龄后昼间潜伏在表土中，夜间出来为害，动作敏捷，性残暴，能自相残杀，以天刚亮多露水时为害最重，常造成幼苗近地面的茎部被咬断，使植株死亡，造成缺苗断垄，严重时甚至毁种。在福建省前茬为西芹或甘蓝的地块，4 月中下旬至 5 月中旬，山苦瓜伸蔓上架期要特别注意地老虎为害。小地老虎以蛹或者熟幼虫在土中越冬，一年可发生 3 ~ 4 代，成虫有喜食糖蜜、飞扑黑光灯的习性。一般白天藏在土缝、草丛等阴暗处，夜间出来飞翔、取食、交尾。雌蛾多在土块下或杂草上产卵。卵为散产或成块，一般每头可产卵 800 粒左右。幼虫期共 6 龄。土壤黏重、低洼、潮湿，特别是耕作粗放、草荒严重的地块，均有利于小地老虎的滋生。

（2）防治方法

①**勤中耕清除杂草。**早春特别是夏季高温多雨，杂草丛生，要及时铲除田间及其附近野草，以消灭小地老虎的产卵场所和食料来源。

②**冬耕晒垡和深翻。**瓜地实行冬耕晒垡或前茬作物收完后深翻可冻死或深埋一部分蛹和幼虫，减轻危害。

③人工捕捉。发现瓜苗被咬断或缺苗时，小心轻轻扒开被害株附近表土，捕捉幼虫，连续捕捉数天，效果很好。但因苗已被咬断，是消极办法。

④诱杀成虫。用 1 ∶ 1 糖醋液加适量氰戊菊酯药液或安装专用黑光灯。

⑤药剂防治。3 龄前可用 2.5% 溴氰菊酯，或 20% 氰戊菊酯 3000 倍液，或 90% 敌百虫 800 倍液，或 50% 辛硫磷 800 倍液喷施。3 龄后可用 80% 敌敌畏乳剂或二嗪磷乳剂或辛硫磷乳油各 1000 ~ 1500 倍液喷灌。灌根用 50% 辛硫磷 600 ~ 800 倍，每株灌 0.25kg 左右，可杀死山苦瓜根际及周边的地老虎，效果非常理想。

4. 瓜实蝇

该蝇属于双翅目实蝇科的害虫。成虫体形似蜂，黄褐色，在福建省以 6 ~ 11 月为害严重。成虫白天活动，夏日中午高温烈日时，静伏于瓜棚或叶背，对糖、酒、醋及芳香物质有趋性。该虫害对山苦瓜造成最严重损害。

（1）发生特点

主要以幼虫为害，首先成虫以产卵管刺入幼瓜表皮内产卵，幼虫孵化后钻进瓜肉取食，受害瓜先局部变黄，而后全瓜腐烂变臭。使植株大量落瓜。即使瓜不腐烂时，刺伤处凝结着流胶，畸形下陷，果皮硬化，瓜味苦涩，品质下降。

（2）防治方法

在成虫盛发期用毒饵等诱杀成虫，如糖醋毒饵、实蝇蛋白、稳粘等。幼瓜套纸袋保护，以防成虫产卵。摘除被害瓜销毁。同时用 50% 敌敌畏乳油 1000 倍液、2.5% 溴氰菊酯 3000 倍或 2.5% 高效氯氟氰菊酯 2000 ~ 3000 倍液喷洒植株，隔 3 ~ 5 日 1 次，连喷 2 ~ 3 次，防治成虫有良效。

5. 红蜘蛛

红蜘蛛俗称火蜘蛛、火龙、沙龙等，属蛛形纲蜱螨目叶螨科，成螨、幼螨、若螨可在叶背吸食汁液，并结成丝网。红蜘蛛可使山苦瓜叶面出现零星褪绿斑，严重时遍布白色小点，叶面变为灰白色，全叶干枯脱落。

（1）发生特点

红蜘蛛一年可繁殖 10 ~ 20 代，气温 10℃以上时开始繁殖，最适温度为 29 ~ 31℃、相对湿度为 35% ~ 55%，高温低湿的条件有利于其发生。起初为点片发生，再向四周扩散，先为害植株的下部叶片，再向上部叶片转移。管理粗放，植株叶片含氮量高或老衰时，红蜘蛛繁殖加快，为害加重。

（2）防治方法

清除田间杂草及枯枝落叶，结合翻耕晒土整地，消灭越冬虫源。合理灌溉，增加湿度和增施磷肥、钾肥，可使植株提高抗螨能力。在红蜘蛛点片发生时即防治，可用 20% 哒嗪硫磷乳油 1000 倍液。也可用 2.5% 联苯菊酯乳液 2000 倍液，50% 马拉硫磷乳油 800 倍 ~ 1000 倍液等喷杀。

6. 蝼蛄

蝼蛄属昆虫纲直翅目蟋蟀总科蝼蛄科，大型土栖昆虫，触角短于体长，前足开掘式，缺产卵器。俗名拉拉蛄、土狗。主要咬食幼苗的根部或茎基部，使幼苗地上部枯死。有时也为害种子。在山苦瓜育苗期间，往往有蝼蛄在苗床中打洞筑隧道，常使幼苗被咬断主根，或根悬空与土壤分离，造成呼吸十分困难，以至萎蔫、干枯而死苗。

（1）发生特点

蝼蛄一般以若虫或成虫在土中越冬，春暖后出来活动。北京地区一般在三四月开始活动，4 月中旬前后为害严重，约在 6 月上中旬成虫开始产卵，孵化出来的若虫在卵室内由成虫哺育，经 40 ~ 60d 后离开卵室开始为害。若虫需经过 2 年的生长发育，第三年 8 月才羽为成虫。通常蝼蛄白天藏在土里，夜间才出地面活动，天冷时越冬。最适宜蝼蛄生长活动的环境条件是有草丛遮蔽的产卵地，特别是含有机质丰富、质地肥沃疏松的沙壤土，土层以下 10cm 的地温为 20 ~ 22℃，无光、无风、无雨时最有利其活动。

（2）防治方法

①**土肥管理。**施有机粪肥必须充分腐熟，必须分布均匀并与土掺匀，可减轻蝼蛄为害。

②**施用毒饵诱杀。**一般用 90% 敌百虫 30 倍液，与炒香的谷子、豆饼、棉籽饼等拌成毒饵，于傍晚时撒在蝼蛄出没的地方，或者在育苗期撒在害虫的隧道口。

③**用灯光诱杀。**在傍晚特别是下雨前的闷热天，气温达到 18 ~ 22℃的夜间，可用黑光灯诱杀成虫。

④**灌药触杀。**在蝼蛄出没为害的洞口处注入药液，可杀灭成虫或若虫。药液可用溴氰菊酯和氰戊菊酯 10 ~ 100 倍液浇灌，或在受害植株根际或苗床浇灌 50% 辛硫磷乳油 1000 倍液。

⑤**人工捕捉。**趁浇水时蝼蛄从土内爬出之机，进行捕捉。

7. 蜗牛

为害棚室蔬菜的蜗牛主要有同型巴蜗牛和灰巴蜗牛两种，属软体动物门巴蜗牛科，俗称蜒蚰螺、水牛。各地均有分布，食性杂，主要为害瓜类、茄科、十字花科等蔬菜。以成虫、幼虫取食，常将嫩叶、嫩茎啃成不规则的洞孔或缺刻，苗期能咬断幼苗，造成缺苗断垄。

（1）发生特点

成螺与幼螺均能用齿舌和额片刮锉瓜类、蔬菜的幼芽、嫩叶、茎、花、根、果，形成不整齐的缺刻或孔洞，叶脉部常残存，并分泌有光泽的白色黏液，食痕部易受细菌感染而发病。

蜗牛生活在潮湿的灌木、草丛、石块、花盆下及作物根部的土块、缝隙和温室四壁阴暗潮湿且多腐殖质的地方。年生活周期有两种类型，种群大多数在 4 ~ 5月间交配，产卵 30 ~ 35 粒。初孵幼螺只取食叶肉，留下表层，幼螺历期 6 ~ 7 个月，成螺历期 5 ~ 10 个月。夜出性，白天常潜伏在落叶、花盆、土块砖块下、土隙中，成虫也在这些场所越冬。完成 1 世代 1 ~ 1.5 年。秋季产卵型均以幼螺越冬，春夏季继续生长，秋季成螺交尾产卵，温暖、潮湿的环境有利于它的发生，雨后活动增强。

（2）防治方法

①**农业防治。**提倡地膜覆盖栽培，棚室要通风透光，清除各种杂物与杂草，保持室内清洁干燥。进行秋季耕翻，使越冬成螺、幼螺暴露冻死，卵被晒爆裂。

②**人工诱捕。**蜗牛昼伏夜出，在黄昏为害。在棚室中可用瓦块、菜叶、杂草、树叶等做成诱集堆，天亮前集中捕捉。

③**药剂防治。**每亩可用 5 ~ 7.5kg 生石灰粉，在温室四周、农田沟边做成封锁带；也可用稀释 70 ~ 100 倍的氨水喷洒杀灭；或用多聚乙醛配成含有效成分 2.5% ~ 6% 的豆饼或玉米粉毒饵，在傍晚撒施在蜗牛经常出没处；或 6% 四聚乙醛颗粒剂 0.6kg 拌成毒土或与米糠、青草等混合拌成毒饵撒施，效果也很好。

8. 蓟马

过去此虫主要分布于中国华南、华中、华东南部的各省。近年来，随着中国北方地区棚室瓜类和茄果类蔬菜面积扩大，瓜亮蓟马在华北地区发生比较普遍，成为棚室瓜类和茄果类蔬菜的主要害虫之一。瓜亮蓟马的主要寄主作物有节瓜、黄瓜、苦瓜、西瓜、冬瓜等瓜类作物和茄子、甜椒、番茄等茄科作物，还有少数豆类作物和十字花科蔬菜等。成虫和若虫锉吸植物生长顶心、心叶、嫩梢、嫩芽及花蕾和幼果的汁液，被害株的生长点嫩梢变硬而萎缩，植株生长缓慢，节间缩短，茸毛呈褐色或黑褐色。受害叶片向正面卷缩，受害的心叶不能展开，幼瓜幼果受害后出现畸形，毛茸变黑，有的脱落。瓜亮蓟马对产量和品质都影响极大。

（1）发生特点

蓟马在南方一年可发生 20 代以上，多以成虫潜伏在土块、土缝下或枯枝落叶间越冬，少数以若虫越冬。越冬成虫在次年气温回升至 12℃时开始活动，瓜苗出土后，即转至瓜苗上为害。在中国华北地区棚室蔬菜生产集中的地方，由于棚室保护地蔬菜生产和露地蔬菜生产衔接或交替，给瓜亮蓟马创造了能在此终年繁殖的条件，在冬暖大棚瓜类或茄果类蔬菜越冬茬栽培中，可发生瓜亮蓟马为害，但危害程度一般比秋茬和春茬轻。全年为害最严重时期为 5 月中下旬至 6 月中下旬。初羽化的成虫具有向上、喜嫩绿的习性，且特别活跃，能飞善跳，爬动敏捷。白天阳光充足时，成虫多数隐藏于瓜苗的生长点及幼瓜的毛茸内。雌成虫具有孤雌生殖能力，每头雌虫产卵 30 ~ 70 粒。瓜亮蓟马发育最适温度为 25 ~ 30℃。土壤湿度与瓜亮蓟马的化蛹和羽化有密切的关系，土壤含水量在 8% ~ 18% 的范围内，化蛹和羽化率均较高。瓜亮蓟马常见的天敌种类有捕食性的花蝽和草蛉两种。花蝽的食量颇大，对瓜亮蓟马的发生有很大的抑制作用。

（2）防治方法

①**农业防治。**清除温室中的残茬落叶，减少虫源；加强水肥管理，使植株生长健壮，提高抗虫力；在成虫迁入高峰时用纱网阻隔棚室门窗，以减少侵入虫量。

②**培育无虫苗。**育苗时，清除苗床杂草，密封四壁，集中喷药，消灭残存虫源，培育无虫苗。

③**药剂防治。**关键是早发现早防治。

烟雾法：在棚室中可用 20% 敌敌畏塑料块缓释剂，每立方米 7 ~ 10g 熏蒸。

喷雾法：可用 20% 双甲脒乳油 1000 倍液，或 20% 复方浏阳霉素 1000 倍液，或 40% 乙酰甲胺磷乳油 1000 倍液， 10 ~ 14d 一次，连喷 2 ~ 3 次。喷药的重点是植株的上部，尤其是嫩叶背面和嫩茎。

9. 美洲斑潜蝇

美洲斑潜蝇又名蔬菜斑潜蝇、甘蓝斑潜蝇，属双翅目潜蝇科。自 1994 年广东省、海南省发现以来，目前已蔓延 20 多个省（市），成为瓜类、豆类蔬菜的主要害虫之一。已知寄主植物 60 余种，其中以葫芦科、茄科和豆科作物受害最重，也为害十字花科的萝卜、青菜、白菜等。瓜类减产可达 30% ~ 50%。美洲斑潜蝇以幼虫蛀食叶片上下表皮间的叶肉为主，形成黄白色蛇形斑，坑道长达 30 ~ 50mm，宽 3mm。成虫产卵取食也造成伤斑。虫体的活动还能传播病毒。

（1）发生特点

在低纬度地区或温室，全年都能繁殖。在广东省一年可发生 15 ~ 16 代。北方及长江中下游地区露地蔬菜的虫源除通过瓜果、蔬菜的运输携带和气流传播外，主要来自温室蔬菜。美洲斑潜蝇成虫大部分在上午羽化，成虫羽化后 24h 即可交尾产卵。雌虫刺伤植物寄主叶片，形成刺孔，成刻点状，雌虫通过刻点取食和产卵。幼虫取食导致大量叶片受害。严重时叶片死亡。美洲斑潜蝇造成的叶片伤口中，约有 15% 的活卵。

雄虫不能形成刻点，但可在雌虫造成的伤口上取食。雌虫产卵于叶片表皮下或裂缝内，有时也产于叶柄。产卵的数量随温度和寄主植物而异，在 25℃下，雌虫一生平均可产 164.5 粒卵。根据温度的高低，卵在 2 ~ 5d 内孵化。幼虫发育历期一般为 3 ~ 8d，蛹历期一般为 6 ~ 10d，完成一代约 15d。

影响美洲斑潜蝇发生的主要因素是温度、湿度和食料。环境温度对斑潜蝇的发育速度有明显的影响。在 12 ~ 35℃条件下，美洲斑潜蝇能完成生活史。20℃以下发育很慢，30℃以上种群增长急剧下降。北方日光温室中 2 ~ 3 月能见到该虫的虫道。在自然界中，该虫的世代重叠明显，种群发生高峰期与衰退期极为突出。

美洲斑潜蝇主要靠卵和幼虫随寄主植物、叶菜、带叶的瓜果豆类，以及作为瓜果豆菜的铺垫、填充、包装物的叶片，或蛹随盆栽植株的土壤、交通工具等作远距离的传播。气流、风雨也可以使该虫传播扩散。

（2）防治方法

①农业防治。棚室栽培要培育无虫苗，收获后清洁出园，把被潜叶蝇危害的植株残体集中深埋、沤肥或烧毁。合理布局，瓜类、茄果类、豆类蔬菜与其

不危害的作物进行套种或轮作。适当稀植，增加田间通透性。

②**黄板诱杀。**棚室内用 30cm × 60cm 的木夹板涂黄色油漆制成黄板，黄板上加粘蝇纸或不干胶和凡士林等黏性物质诱杀成虫。

③**植物检疫。**在未发生斑潜蝇地区建立保护区，对来自疫区的瓜果豆菜类，要严禁带叶，禁用寄主植物的叶片、茎蔓作为铺垫、包装材料。

④**药剂防治。**可选用 10% 吡虫啉可湿性粉剂 1000 倍液，或 1.8% 阿维菌素乳油 250 倍液，还可用 10% 氯氰菊酯乳油 2000 倍液，或 10% 二氯苯醚菊酯乳油 2000 倍液喷雾。用 90% 杀螟丹可湿性粉剂 1000 倍液和 40% 杀虫双水剂 500 倍液也有一定的防治效果。用药适期在成虫产卵高峰期至初孵幼虫期。

10. 白粉虱

20 世纪 70 年代后期，随着温室、塑料大棚等保护地蔬菜面积的扩大，白粉虱的发生与分布呈扩大蔓延趋势，目前中国大部分地区都有发生，已成为棚室栽培蔬菜的重要害虫。温室白粉虱主要以成虫和若虫群集在叶片背面吸食植物汁液，使叶片褪绿变黄，萎蔫甚至枯死，影响作物的正常生长发育。同时，成虫所分泌的大量蜜露堆积于叶面及果实上，引起煤污病的发生，严重影响光合作用和呼吸作用，降低作物的产量和品质。此外，该虫还能传播某些病毒病。温室白粉虱的寄主植物很多，蔬菜、花卉等农作物就有 200 多种。在蔬菜上主要危害黄瓜、番茄、茄子、辣椒、西瓜、冬瓜、甘蓝、白菜、豇豆、扁豆、莴苣、芹菜等。

（1）发生特点

温室白粉虱在温室条件下一年可发生 10 余代，能以各种虫态在温室蔬菜上越冬，或继续进行为害。冬季在温暖地区，卵可以在菊科植物上越冬。次年春天，从越冬场所向阳畦和露地蔬菜及花卉上逐渐迁移扩散。5 ~ 6 月虫口密度增长比较慢，7 ~ 8 月间虫口密度增长较快，8 ~ 9 月为害最严重，10 月下旬以后，气温下降，虫口数量逐渐减少，并开始向温室内迁移，进行为害或越冬。温室白粉虱成虫对黄色有强烈趋性，但忌白色、银白色，不善于飞翔。在田间先星点分布，然后逐渐扩散蔓延。田间虫口密度分布不均匀，成虫喜群集于植株上部嫩叶背面并在嫩叶上产卵，随着植株生长，成虫不断向上部叶片转移，因而植株上各虫态的分布就形成了一定规律：最上部嫩叶，以成虫和初产的淡黄色卵为最多；稍下部的叶片多为深褐色的卵；再下部依次为初龄若虫、老龄若虫、蛹。成虫羽化时间集中于清晨。雌成虫交配后经 1 ~ 3d 产卵。卵多产于叶背面，以卵柄从气孔插入叶片组织内，与寄主保持水分平衡，极不易脱落。每头雌虫产卵 120 ~ 130 粒，最多可产卵 534 粒。

温室白粉虱成虫活动最适温度为 25 ~ 30℃，卵、高龄若虫和蛹对温度和农药抗逆性强，一旦作物上各虫态混合发生，防治就十分困难。温室白粉虱对寄主有选择性，在黄瓜、番茄混栽的温室大棚中，发生量大、危害重。单一种植或栽植白粉虱不喜食的寄主则发生较轻。据调查，温室白粉虱的虫口数量，一般秋季温室大棚内比春季温室大棚内的多；距温室近的菜地比远的多，为害也更重。

（2）防治方法

①**农业防治。**可通过培养无虫苗、合理布局栽培蔬菜种类、控制虫源等方式预防。

培育无虫苗：定植前对温室、苗木进行消毒。每亩温室用 80%敌敌畏 0.4 ~ 0.6kg 熏杀。

合理布局：在棚室附近的露地避免栽植瓜类、茄果类、菜豆类等白粉虱易寄生、发生严重的蔬菜，提倡种植白粉虱不喜食的十字花科蔬菜。棚室内避免黄瓜、番茄、菜豆等混栽，防止白粉虱相互传播，加重危害和增加防治难度。

控制虫源：在棚室通风口密封尼龙网，控制外来虫源。虫害发生时，结合整枝打杈，摘除带虫老叶，携出棚外深埋或烧毁。

②**物理防治。**利用温室白粉虱趋黄习性，在白粉虱发生初期，将涂有机油

的黄色板置于棚室内，高出蔬菜植株，诱杀粉虱成虫。

③生物防治。棚室内蔬菜的白粉虱发生量在 0.5 ~ 1 头 / 株时，可释放丽蚜小蜂“黑蛹”，每株 3 ~ 5 头，每隔 10d 左右放 1 次，共释放 3 ~ 4 次，寄生率可达 75% 以上，控制白粉虱的效果较好。

11. 绢螟

（1）发生特点

以幼虫为害植株，幼虫初期在叶背啃食叶肉，呈灰白斑。三龄后吐丝将叶或嫩梢缀合，隐居其中取食，使叶片穿孔或缺刻。为害严重时，只留叶脉。幼虫常蛀入瓜内，取食瓜肉，影响产量及品质。

（2）防治方法

清洁田园残株败叶，消灭越冬蛹减少虫源。在幼虫期可用 20% 氰戊菊酯 3000 倍液，或 50% 马拉硫磷 1000 倍液喷洒植株，防治效果好。

第三节　山苦瓜采后侵染性病害及其防治

引起山苦瓜采后腐烂的病原菌主要有真菌、细菌、病毒和原生动物，其中以真菌和细菌性病原菌为主。

真菌是最主要和最流行的病原微生物，侵染广，危害大，是造成山苦瓜在贮藏运输期间损失的重要原因。山苦瓜采后病原真菌以霉菌为主，表现症状为组织变色、斑块、腐败、干缩、变质等。其中鞭毛菌亚门有腐霉、疫霉和霜疫霉菌；接合菌亚门有根霉、毛霉等；子囊菌亚门有小丛壳、囊孢壳、间座壳、核盘菌和链核盘菌等，如炭疽病、焦腐病、蒂腐病、褐腐病、黑腐病等；半知菌亚门有葡萄孢霉、木霉、青霉、曲霉、镰刀菌、交链孢等，如灰霉病、青绿霉病、酸腐病、褐腐病、炭疽病、焦腐病、黑斑病等。

引起山苦瓜采后腐烂的细菌主要是软腐病杆菌、多黏芽孢杆菌、边缘假单胞杆菌，症状有组织坏死、萎蔫和畸形。

一、病菌侵染过程

1. 采前侵染

有许多病原菌在田间或生长期就侵入山苦瓜，长期潜伏在内，并不表现症状，直到山苦瓜采收和环境条件适合时才发病，如灰霉病菌是在田间入侵山苦瓜果实，贮藏期间大量发病。主要是加强采前田间管理，清除病源，减少侵染。

2. 采后侵染

许多病菌的生活周期在田间完成，采前以孢子形式存在于叶面，采后环境条件适宜时孢子萌发，通过伤口或皮孔直接侵入，迅速发病，引起叶片腐烂。如采后通过伤口或皮孔直接侵染叶片的灰霉病菌。

3. 伤口侵染

山苦瓜贮藏期间的病害都与各种伤害紧密相关，新鲜伤口的营养和湿度为病菌孢子的萌发和入侵提供了有利条件。冷害的冻伤，昆虫的虫伤，采收时的机械伤，以及贮运过程中的各种碰伤、擦伤等都是病菌入侵的门户。青霉属、根霉属、葡萄孢霉属、地霉属和欧氏杆菌属都是从伤口入侵，冻伤则加速各种腐烂病的发生。

4. 直接侵染

有的病菌可从果实表面的皮孔直接入侵，或分泌毒素，破坏果皮组织，引起果实腐烂。如黑腐病菌、灰霉病菌等都可通过接触传染，在贮藏期间迅速蔓延。

二、影响发病的因素

当病原菌的致病力强、寄主的抵抗力弱、环境条件有利于病菌生长、繁殖和致病时，病害就严重。反之，病害就受抑制。病害的发生与发展受病原菌、寄主和环境条件的影响和制约。

1. 病原菌

病菌是引起山苦瓜病害的病源，许多贮藏病害都源于田间侵染。可通过加强田间栽培管理，清除病枝病叶，减少侵染源，配合采后药剂处理来达到控制病害发生的目的。

2. 环境条件

主要是温度、湿度和气体成分。病菌生长的最适温度一般为 20 ~ 25℃，过高过低对病菌都有抑制作用，一般较高的温度加速山苦瓜衰老，降低山苦瓜对病害的抵抗力，有利于病菌孢子的萌发和侵染，加重发病。较低的温度能延缓山苦瓜衰老，保持山苦瓜抗性，抑制病菌孢子的萌发与侵染。贮藏温度的选择一般以不引起山苦瓜产生冷害的最低温度为宜。如果温度适宜，较高的湿度有利于病菌孢子的萌发和侵染。贮藏的山苦瓜上常有结露，在高湿度情况下，许多病菌的孢子能快速萌发，直接侵入叶片引起发病。要减少山苦瓜果实表面结露，应充分预冷。

低氧和高二氧化碳对病菌的生长有抑制作用，当空气中的氧浓度降到5%或以下时，能抑制山苦瓜呼吸，保持山苦瓜品质和抗性，氧含量控制在2%时，对灰霉病、褐腐病和青霉病等的生长有明显的抑制作用，高二氧化碳浓度（10% ~ 20%）可抑制许多采后病菌，浓度大于25%时，病菌的生长几乎完全停止，但在高二氧化碳浓度下存放时间过长会产生毒害，一般采用高二氧化碳浓度短期处理以减少病害发生。山苦瓜呼吸代谢产生的挥发性物质（乙醛等）对病菌的生长也有一定的抑制作用。

三、病害防治

1. 综合防治

包括采前的田间管理和采后的系列配套处理技术。采前田间管理包括合理修剪、施肥、灌水、喷药、适时采收，清除菜园内枯枝败叶、腐烂叶片等病原菌栖居的地方。采后的处理包括及时预冷，病、虫、伤叶片的清除，包装材料的选择，冷链运输，选定适合于山苦瓜生理特性的贮藏温度、湿度、氧和二氧化碳浓度，以及确立适宜的贮藏时期等。山苦瓜在采收、运输、贮藏和销售过程中，要防止机械伤害。

2. 物理防治

主要是控制贮藏温度和气体成分，采后辐射处理。

低温，可明显地抑制病菌孢子萌发、侵染和致病力，同时还能抑制山苦瓜呼吸和生理代谢，延缓衰老，提高山苦瓜的抗性，山苦瓜采后贮藏温度的确定以不产生冷害的最低温度为宜。低氧和高二氧化碳，气调贮藏期间，或运输过程中，或包装袋内，都应根据山苦瓜品种的特性，控制适宜的氧和二氧化碳浓度。

辐射处理，如紫外线处理能减少山苦瓜的采后腐烂。用254nm的短波紫外线可诱导山苦瓜的抗性，延缓山苦瓜成熟，减少对灰霉病、软腐病、黑斑病等的敏感性。

3. 生物防治

主要是利用微生物之间的拮抗作用，选择对山苦瓜不造成危害的微生物来抑制引起山苦瓜采后腐烂的病原菌的生长。

第七章 DIQIZHANG

山苦瓜育种技术

第一节 山苦瓜育种方法

一、品种提纯

山苦瓜为虫媒花，属常异交作物，在20世纪80年代前，各地山苦瓜种植多为当地的常规品种，品种间的流动性较少，当时的山苦瓜选留种，多结合商品瓜生产在大田里进行选择。在相对隔离较好的计划留种地块里，栽培同一品种的山苦瓜。随着山苦瓜规模化、商业化种植的迅猛发展及春秋露地栽培、高海拔越夏栽培、大棚和日光温室等设施栽培的推进，目前基本上实现了山苦瓜的周年供应。栽培品种由单一的当地主栽品种，向多品种或杂交一代品种分化推进，符合消费者多元化的需求。由于品种间的串粉加快，品种混杂、种性退化进一步加快，为满足生产上对山苦瓜优良品种的要求，需要育种工作者对山苦瓜优良地方品种进行提纯和繁殖。通过优良单株自交、分系比较、单株或混系选择的方法使混杂的农家品种变纯，保持原有品种的优良种性。

二、有性杂交育种

对具有不同优良性状的亲本进行人工杂交，再从杂交一代的自交分离后代中进行多代定向筛选和系统选育，以获得综合双亲性状或超亲性状且遗传性相对稳定的新品种，是山苦瓜育种的一条重要途径，也是实现山苦瓜优良性状互补的重要方法之一。同时有性杂交育种也是山苦瓜育种资源创新利用的有效途径之一，是多元杂交育种的亲本来源。

三、杂种优势育种

杂种优势的利用，是现代育种中成果比较突出且研究得较深的领域，目前在园艺植物方面，尤其是种子繁殖的蔬菜和花卉，取得了显著的进展。不论是自花授粉、常异花授粉或异花授粉植物都得到了应用。近年来国内外利用一代杂种的蔬菜种类已达 18 种以上，其中以番茄、黄瓜、西瓜、甜瓜、洋葱、胡萝卜、甘蓝、白菜、萝卜、甜椒、辣椒、茄子、花椰菜、菠菜、南瓜、苦瓜、西葫芦等蔬菜取得的成就更大。日本的 220 个蔬菜品种中杂交一代占 71.3%，其中番茄、白菜、甘蓝占 90% 以上，黄瓜为 100%；美国的胡萝卜、洋葱、黄瓜一代杂种占 85% 左右，菠菜为 100%；中国近年蔬菜杂种一代的研究、发展也非常迅速，在西瓜、甜瓜、黄瓜、甘蓝、白菜、甜椒、辣椒、茄子、番茄、苦瓜、丝瓜、南瓜、西葫芦等产品领域先后育成了一大批高产、优质、生长势和抗逆性强、产品整齐一致的杂交一代瓜菜新品种，并已在生产上推广应用，对生产起到了重大的推动作用。

目前，人们已普遍认识到利用杂交种优势是提高作物产量、品质、抗逆、抗病等性状的有效方法。通过杂交组合选配可以育成丰产、早熟、抗病的山苦瓜一代杂种，且经过多代自交纯化，其后代的生活力无明显衰退。自交系一般经 5 ~ 6 代单株或集团选择，基因型纯合程度都较高，可保证亲本的纯度以确保杂交种子的质量。

露地山苦瓜种质资源篱笆架育种栽培

第二节 山苦瓜育种目标

一、果实性状遗传特点

1.果色

山苦瓜资源丰富，品种类型多样。按采收时果皮的颜色可分为墨绿、深绿、绿、浅绿、白绿、白等多种类型。

2.果形

不同品系山苦瓜单瓜种子数、果形、瓜瘤、单果质量之间也存在较大差异。依照果形则可分为纺锤形和顶形；依照果皮瘤状突起又可分为条形瘤、粒瘤、条粒瘤相间及刺瘤 4 种；依照果实大小可分为大果型山苦瓜和小果型山苦瓜。山苦瓜果实发育呈单 S 曲线，果实粗度随长度的伸长而相应增粗，果实产量与子房大小呈正相关。

控制果长性状的基因对数最少为 5 对，果长性状的基因效应符合加性—显性遗传模型，且以加性效应为主，显性方差所占分量极小，属不完全显性。以性状差异大的高代自交系为父母本，正反交组配获得的 F_1 果形介于双亲之间，长形果相对短形果为显性遗传，尖瘤相对圆瘤为显性遗传。果形、果色、单果质量、瓜瘤的大小，单瓜的种子数在品种（系）之间差别大，而植株的分枝性、瓜横径以及种子的花纹等性状则差别小。

3.其他果实相关性状

山苦瓜第一雌花节位、单株前期产量、单株坐果数、单果质量、果长、果径、果肉厚度、果形指数的遗传均符合加性—显性效应模型，且均以加性效应为主。第一雌花节位、单株坐果数、单果质量、果长、果径在山苦瓜遗传中表现部分显性、倾大值亲本，果肉厚则表现倾小值亲本的负向超显性。产量性状（单株前期产量、单株产量、结果数）的加性 × 环境互作明显大于显性 × 环境互作，果实性状（单瓜质量、果实纵径、果实横径和果形指数）只存在显性 × 环境的互作，因此果实性状的表现在不同环境下波动更大，只有在多个环境下对性状表现进行综合鉴定，才能客观反映新品种的利用价值和适用范围。

刘政国等提出可以通过降低果实的苦味和有机酸含量来提高风味品质，通过水分含量和果瘤两个性状的直接选择来实现对维生素 C 的间接选择。果实横径杂种优势最明显，与山苦瓜单株结果数相关最为密切的性状为果实硬度和果肉厚度，与边缘可溶性固形物含量关联较大的性状依次为果实横径、单果质量、果实硬度，与果肉厚度关联最大的性状是果实硬度，与维生素 C 含量关联较大的性状依次为果实纵径、果实横径、单果质量。含水量在品种（系）间差别最小，蛋白质含量差别最大，其次是维生素 C 含量。

二、抗病育种

1.枯萎病

枯萎病是山苦瓜生产中的一种严重土传病害。通常采用苗期人工接种的方法进行山苦瓜抗枯萎病鉴定，接种方法包括病原菌滤液浸根法、茎基部针刺法、浸土法，其中以浸根法鉴定为主。

2.白粉病

山苦瓜白粉病属白粉菌目单囊白粉菌属，是为害山苦瓜的另一重要病害，其致病病原菌为瓜类单囊壳（*Sphaerotheca cucurbitae*）和葫芦科白粉菌（*Erysiphe cucurbitacearum*）。山苦瓜对白粉病的抗性受两对以上基因控制，两对主基因抗病相对感病为不完全隐性，符合加性—显性模型，加性效应较大，抗性效应在亲本和 F_1 之间存在极显著正相关，表现为数量性状遗传的特点，据此提出苦瓜抗白粉病育种时应首先利用加性效应累加亲本的抗性基因，使得双亲均抗白粉病，然后配制杂交组合。

第三节　山苦瓜性别分化与授粉受精

一、性别分化的概念

植物的性别分化是一种特殊的器官发生现象，性别分化决定雌雄器官的发育程序，影响繁殖器官的发生和发育，它与蔬菜的产量、熟期品质、不育系的选育及种子的形成有密切的关系。山苦瓜的花为雌雄同源花，当植株真叶长到3 ~ 5片时开始花芽分化，不同品种花芽分化的早晚不同，早熟品种花芽分化较早，主蔓第一（雄）雌花节位也低。

二、性别分化过程

瓜类植物的性别分化过程中一般要经过一个两性期。先形成雄蕊原基，接着出现雌蕊原基，之后就按照雄或雌的不同分化程序进行分化。但也有一些瓜类（如西葫芦和丝瓜）的雄花花芽分化过程中没有雌花原基的分化，成熟的雄蕊中没有雌蕊的痕迹。

山苦瓜幼蕾在肉眼可见的5d之内尚处于两性期，性别没有明显分化，从第7d开始雌、雄花开始明显分化，雄花在发育过程中雄蕊不断伸长并分化，而雌蕊原基处则从扁平到下陷。成熟雄花中不能看到雌蕊原基的痕迹。雌花在发育过程中雌蕊不断伸长并成熟，雄蕊停止发育但不退化，成熟的雌花中仍可见雄蕊原基，有些品种部分雌花在发育过程中雄蕊也继续发育，形成两性花。

三、影响性别分化的外界因素

1.温度

在日平均温度比较接近的情况下，昼夜温差较大，对山苦瓜雌花的形成可能是有利的。例如相同的山苦瓜品种，秋季种植的主蔓雌花率往往比春季高。

2.日照

南瓜、丝瓜、苦瓜等均是短日照作物。仓田等证实“白菊座”南瓜从第一片叶子半展开时开始进行6 ~ 7d的每天8 ~ 10h短日照处理,可使雌花提前发生。丝瓜是对短日照要求较严格的品种，尤其是有棱丝瓜，需要 10d 以上每天 9h 以下的短日照，能明显地促进开雌花。山苦瓜和南瓜、丝瓜一样，但没有丝瓜敏感。

日照长度和温度都能影响瓜类雌雄花的形成，同时二者之间又相互作用。通常在低温短日照情况下，山苦瓜第一雌花节位及连续雌花节都较低；在同一日照长度下，低温会明显降低第一雌花及连续雌花节位，在日照长度能满足瓜类雌花分化的前提下，温度的影响远大于日照长度。

有试验认为，温度和日照这两个条件中，日照长度决定花芽的产生，而温度则决定花芽分化的趋向，特别是夜间低温有利于雌花的分化。

3.整枝打顶

山苦瓜进行适当的整枝、摘叶、摘心处理，可使植株的雌花数增加，雌雄比值显著提高。

四、影响性别分化的内在因素

1.遗传基因

山苦瓜在自交纯化过程中，经常会出现全雌系、强雌系、雌花率 10% ~ 25% 的普通系和雌花率低于 5% 的强雄系等，雌性的强弱是受多基因支配的。

2.内源激素

山苦瓜植物体内的吲哚 –3– 乙酸（IAA）、乙烯利和赤霉素（GA_3）等含量的高低对山苦瓜雌花的分化都有积极的作用。

3.核酸和蛋白质

山苦瓜在性别尚未确定的幼蕾中产生雄蕊的组织部位 RNA 和蛋白质含量都明显高于产生雌蕊的组织部位。如果向雄花方向发育，雄蕊原基及以后的发育过程中 RNA 和蛋白质含量始终均显著高于雌蕊原基部位的 RNA 和蛋白质含量。相反，如果向雌花方向发育，雄蕊原基组织的 RNA、蛋白质含量急剧下降。伴随雌蕊的发育，雄蕊原基及其以后发育过程中 RNA、蛋白质含量不断上升，显著高于相应时期的雄蕊原基含量。性别分化方向与雌花分化或雄花分化的特异蛋白质的出现有关。其中的一种或几种可能是性别分化的“关键蛋白”。

五、山苦瓜的结实生理

1.雌花与雄花的开花关系

山苦瓜雌花的发育比雄花快，在同一条蔓上的雌花开放比雄花早，通常在雄花节位的前端 2 ~ 3 节开放。花的寿命通常只有半天左右，下午闭花，特别在温暖的晴天，昆虫授粉活动早，谢花的时间也会提早，但低温或阴雨授粉不良时谢花的时间会延迟。

2.授粉与受精

山苦瓜雌花从开花前 2d 到花后 1d 都具有受粉能力，但以开花当天受粉能力最强。而山苦瓜的雄花为半日花，一般以上午 6 ~ 11 时授粉为宜，山苦瓜花粉的活力会随气温的升高而降低，所以杂交制种人工授粉时要根据环境温湿度决定最佳授粉时间，一般温度高的晴天授粉时间宜早不宜迟。不同山苦瓜品种花粉萌发对温度要求稍有不同。山苦瓜同其他的瓜类一样，授粉后花粉的萌发、花粉管的伸长比较快。一般授粉后 20 ~ 30min 开始萌发，2 ~ 3h 后，进入花柱，第二天完成受精过程。

3.外界环境条件对授粉受精的影响

（1）温度

最适宜温度为 24 ~ 28℃，一般低于 17℃或超过 35℃会妨碍受精。不同山苦瓜花粉萌率随着温度的降低而快速下降。当温度为 25℃和 18℃时，山苦瓜花粉萌发率分别达 80% 和 60% 以上；当温度降至 15℃时，山苦瓜花粉萌发率明显降至 50% 以下；当温度降至 12℃时，山苦瓜萌发率在 0% ~ 15%；当温度为 9℃时，萌发率均为 0。早春棚室最低温度在 12 ~ 17℃时，为了提高山苦瓜雄花花粉的质量，可在傍晚将翌日待开的雄花蕾连花柄剪下，扎成束，取回家插在有水的容器中，25℃左右保温，第二天上午棚室温度上升到 18℃左右开始授粉，可大大提高山苦瓜的坐果率和山苦瓜果实的膨大速度。

（2）湿度

适宜的相对湿度为 70% ~ 80%。

（3）硼素营养对山苦瓜花粉萌发和花粉管生长的影响

硼素对山苦瓜花粉萌发和花粉管生长的影响因浓度不同而异，液体培养基中硼酸浓度小于或等于 25mg/L 时花粉萌发率随着浓度的增加而呈上升趋势。并在硼酸浓度为 25mg/L 时达到最大值（花粉萌发率为 90%）且为对照的 2.6 倍；对花粉管生长速率影响作用的最佳浓度为 25mg/L，在此浓度下山苦瓜花粉管的生长速率约为 109.9μm/h，是对照的 40.8 倍；在南方土壤多数存在缺硼或潜在性缺硼的情况下，山苦瓜生产上可以通过基施硼砂和在山苦瓜初花期喷施 0.2% 硼酸来提高坐果率。

第四节 留种与采种

一、常规采种

1.农户小批量选留种

山苦瓜为虫媒花，属常异交作物，最初各地山苦瓜种植多为当地的常规品种，品种间的流动性较少，当时的山苦瓜选留种，多结合商品瓜生产在大田里进行选择。在相对隔离较好的计划留种地块里，栽培同一品种的山苦瓜，一般要求品种间相对隔离 1000m 以上。首先要在山苦瓜初花期进行田间调查观察，选择植株生长健壮、雌花多、无病虫害及其茎、叶、花、果实均具该品种特征的植株，并做好标记，同时拔除一些明显变异的植株；其次是在植株选择的基础上，进行严格果选。选留山苦瓜种果，必须在已定的种株上进行，选择生长发育快，比较粗长，果形端正，无病虫害，果实的瘤状突起粗细、稀密、颜色、形状等均具有该品种特征的瓜，并做出标记。每棵植株上可留 3 ~ 5 个种瓜。除选定留种的瓜外，多余的瓜全部摘除，以集中营养供给种果生长发育。

通过株选和果选的种瓜，达到生理成熟时，即可采收。直观表现为山苦瓜表皮光亮、种瓜的顶部开始由绿色转为橘红色或橘黄色达种瓜长 2/3 以上、种瓜发绵时为适收期。如采收过早，种子未充分发育完熟，种衣与种子粘连较紧，要一粒一粒拨开，洗种费工麻烦，有时还会影响种子的发芽力，尤其是种子的贮藏性。补救的办法是将种瓜放在室温下后熟 1 ~ 3d，然后掏洗籽。采收过迟，则瓜的顶部自然开裂，瓜瓤和种子会自动掉落。将适时采收的种瓜，取出里面的瓜瓤和种子，将种衣揉烂，用清水冲洗去瓤肉，将沉于水底的种子晾干。晾晒时不准放在水泥地面上，不准强光直射和烈日暴晒，否则会降低甚至丧失种子发芽力。一般每个种瓜可收到种子 10 多粒。晾晒干的山苦瓜种子宜在冷晾干燥、通风良好、无鼠害和虫害的房内保存。

2. 种子公司商业化山苦瓜采种

随着山苦瓜的规模化和商业化运作模式在国内初步形成，山苦瓜种子生产进入了规模化采种时代，其采种技术实现了标准化和规范化，品种间要求相对隔离 1000m 以上。

（1）育苗

在种苗生产上采用育苗技术。山苦瓜采种在中国一年可采 1 ~ 2 次，无需赶早，一般是安排最适宜山苦瓜生长的季节进行种子生产，春夏采种时的育苗多在大棚或小拱棚内进行；南方的夏秋采种时育苗以防雨、降温和营养袋（钵）或育苗盘育苗为主。播种前，种子先用 50 ~ 55℃温水浸种 10 ~ 15min，使种皮软化并杀灭种子所带的病菌，然后在常温下浸 8 ~ 10h；取出种子，洗去种子表面的胶粘物，用湿纱布包好，在 28 ~ 32℃温度条件下催芽，催芽期间种子露白前每 1 ~ 2d 用 35 ~ 40℃的温水淋洗一次，同时纱布也水洗一次。营养土可用菜园土或塘泥加蘑菇土加 0.5% 复合肥或 1.0% 的过磷酸钙或 2% 钙镁磷混匀配制而成，播前先淋透营养钵，每钵播露白种子 1 粒，播种后覆盖基质 1.5cm 左右，再浇足水。尽量保持棚内温度在 30℃左右，若温度太低，可在播种后的育苗钵上再覆盖一层薄膜，待出苗时揭开薄膜。正常温度下，5 ~ 7d 可齐苗，齐苗后 10 ~ 15d、2 ~ 3 片真叶完全展开时定植（夏秋采种），春夏采种苗龄在 25 ~ 45d、真叶 4 ~ 5 片前定植。在育苗期，营养土加化肥的一般无需另外追肥，营养土肥力少的，必须在齐苗后 5 ~ 7d 施 1 次提苗肥，用复合肥溶解淋施，浓度为 0.2% ~ 0.5%。

（2）整地与施基肥

山苦瓜根系发达，耐肥力强，应选择土层深厚、有机质丰富的壤土或轻壤土较为适宜。栽前深翻，充分晒白，并结合整地施足基肥，过磷酸钙可和有机肥撒施后整地作畦，复合肥一般沟施。每亩施 600 ~ 800kg 充分腐熟的鸡粪或猪、牛粪 1000 ~ 1500kg，复合肥 30 ~ 50kg，过磷酸钙 50kg。南方雨水多，要起高畦，畦高 25 ~ 30cm，畦包沟宽 1.4 ~ 2m（与采种环境和搭架方式有关）。种植地排灌水要方便，防止积水和土壤过干。

（3）栽培方式

山苦瓜常规采种主要采用篱笆架、人字架和平架栽培，架材可就地取材，用竹子或其他杂木等，棚架式栽培时平架上可用 0.25m × 0.25m 网眼的尼龙网，每张面积为 2m × 30m 或定制规格，竹子要 2 ~ 2.2m。种植密度要根据栽培季节、采种地的环境特点、品种特性而定，一般每亩定植 400 ~ 2500 株。

（4）肥水管理

山苦瓜对肥料要求较高，若有机肥充足，植株生长粗壮、茎叶繁茂，结果多，瓜肥大、品质好，种子质量也好。在定植后 7 ~ 10d 进行第一次追肥．每亩施 10% 腐熟的人粪尿、猪粪水等农家肥或 0.5% 的尿素或用浓度为 0.5% ~ 0.8% 复合肥液浇施。山苦瓜开花结果前，一般半个月左右施 1 次肥，浓度由稀到浓，若用化肥，浓度为 0.5% ~ 0.8%；开花结果后每隔 10d 左右施肥 1 次。一般每亩追施复合肥 15 ~ 20kg。山苦瓜定植时要浇足定根水，开花结果期间需要大量的水，尽量使栽培田块保持湿润，尤其是高温、晴天时在深沟里保持少量的水层，对山苦瓜的正常生长很有利。同时，由于山苦瓜耐涝性较差，栽培田块要有良好的排灌设施，在暴雨和连续阴雨天需要及时排水，保持田块不积水。若是在早春温度比较低时种植，即平均温度在 18℃以下，前期需要控水以增强植株的抗寒能力。

（5）植株管理

山苦瓜在上架前（主蔓 0.8 ~ 1.2m 以内）不留侧蔓或稀植时留 2 ~ 3 条粗壮的侧蔓。上棚架后一般可放任生长，但要使藤蔓分布均匀，叶片重叠控制低于 50% 以下。为提高坐果率，根据植株的载果量在部分侧蔓雌花后 1 ~ 2 节摘心，并适当摘除一些弱小侧枝，以利通风采光，生长后期应适当摘去病叶和老叶。

（6）病虫害防治

在新地种植，病虫害发生较轻。山苦瓜虫害主要有蚜虫、瓜实蝇、瓜绢螟等。病害主要有白粉病、霜霉病、炭疽病等。防治害虫可用敌敌畏、灭蝇胺等。防治病害可用氢氧化铜、腈菌唑、三唑酮、乙膦铝锰锌、甲霜·锰锌、甲基硫菌灵、代森锰锌等。一般情况下，每隔 7 ~ 10d 打药一次，防虫与防病的药可混合使用，一种农药用一两次后，同类农药要交替使用。

（7）采收

采收与后熟，当种瓜的顶部由绿色转成黄色或橘黄色，瓜皮光亮时采收，一般南方春播夏收的种瓜于授粉后 26 ~ 32d 可采收，未熟透的种瓜后熟 1 ~ 2d 可提高洗籽效率，后熟应放在阴凉的地方。

（8）洗籽

经过后熟熟透的种瓜一分为二，取出里面的瓜瓤和种子，揉去种衣，用清水冲洗去瓤肉，将沉于水底的种子晾干。晾晒最好放在尼龙筛网上，中午应避免烈日强光暴晒，同时要经常翻动，否则会降低甚至丧失种子的发芽力。

二、杂交一代采种

1.东南方山苦瓜采种

山苦瓜杂交一代采种主要是利用母本强雌系或母本主侧蔓 2m 之内容易出现雌花，利用优势互补等原理，杂交后会明显提高山苦瓜的产量、增强抗病性或改变山苦瓜外观性状，提高商品性。

（1）选地与施肥

首先，山苦瓜的采种地应选择温暖湿润的地域，开花结果期要求平均温度以 25℃左右为适宜，高温不超过 35℃，昼夜温差要大。平均气温高于 30℃或低于 18℃则对山苦瓜生长和结果都不利。开花结果期遇高温或持续阴雨天气，容易引起结实不良、死株、烂果，种子产量低、质量差。其次，要求土层肥沃疏松、排灌方便，保水保肥力强的壤土为宜。山苦瓜生长期长，需肥量大，以追肥为主，且氮肥需要量多。苗期植株如果缺氮、植株黄化，有利于雌花往雄花方向发育，尤其是采用主蔓一条龙山苦瓜杂交采种时，从育苗期就必须保证土壤有充足的氮素供应，杂交采种由于植株挂果时间长，且人为控制单株挂果量，与青果栽培略有差异。一般整个生长期每亩需纯氮 20 ~ 25kg，磷钾各为纯量的 40% ~ 50%。基肥占全生育的比例：纯氮占 10%，磷和钾分别占 30% 左右为宜，不过各地的土壤地力不同，施肥量和比例仅供参考。南方多雨水，要求整高畦，畦沟要有 20 ~ 25cm 的高差。最后，品种间要求相对隔离 1000m 以上。

（2）栽培方式

省力化山苦瓜杂交一代采种是利用空间隔离无需套袋的一种杂交采种方法。其特点是母本第一雌花一般为 8 ~ 15 节，第一雌花出现后的主蔓雌花节率往往较高，所以在采种上采用主蔓一条龙采种法，采用篱笆式或人字架栽培。篱笆式株行距：春季为 1.4m ×（0.35 ~ 0.40）m；秋季为 1.3m × 0.3m。人字架株行距：春季 2.2m ×（0.4 ~ 0.45）m；秋季为 2.2m × 0.3m，植 2 列。

（3）种子处理与育苗

山苦瓜种子用 50 ~ 55℃的温水浸种 15 ~ 20min，自然冷却后续浸种至 8 ~ 10h，在 28 ~ 32℃条件下，保湿催芽。种子露芽后移入 10cm × 10cm 的营养钵上，子叶出土前土温控制在 25 ~ 30℃，出苗后温度控制在 18 ~ 25℃，同时苗期管理要控水，培育壮苗。在温暖的地方可采用露地或大棚直接育苗，株行距为 10cm × 10cm，父本最好暖地提前 7 ~ 10d，冷凉地提前 8 ~ 15d 育苗。父本：母本为 1 ：（10 ~ 15）为宜。

（4）定植与管理

真叶 3 ~ 4 片时定植，母本应根据季节和地域的要求决定栽培株距 0.3 ~ 0.45m，父本按株距 0.6 ~ 0.8m 定植，无需整枝。要浅植，可有效防止根茎部病害。在主蔓长 50cm 以上时进行搭架，采用 2.0m 长的竹竿，每株立 1 根竹竿，在 1.6m 高度横 1 根竹竿捆紧，并在一定间隔加固 1 根斜立竹竿，形成三脚架，人字架双列定植时也在 1.6m 高度横 1 根竹竿扎成“人”字形。主蔓第一雌花出现后开始整蔓上架，从第 10 节左右第一次捆扎，以后每隔 3 ～ 4 节捆扎 1 次，并清除主蔓上的侧枝和雄花的花蕾，在主蔓上架 1.5m 左右内，选留 4 ～ 6 个发育良好的雌花，保证每株留果 2 ～ 3 条。1.5m 以上主蔓摘心，在接近摘心处的顶端留两个侧芽，授粉后放任生长。

（5）去杂与清花

杂交授粉开始前，必须对父母本进行一次彻底去杂，根据品种茎叶等形态特征、拔除杂异株，特别是父本中混有杂株对制种纯度影响极大，授粉过程中都要留心观察，发现异株立刻停止取粉，同时在母本引蔓整枝过程中随手摘除母本所有已开和未开的雄花（蕾），并摘除已开放未人工授粉的雌花（瓜）。以后每天下午至少巡查 1 次，摘除遗漏的母本雄花蕾。及时、彻底、干净地摘除母本雄花，使授粉期间母本无雄花开放，以确保杂交种子的纯度。

（6）授粉

采用自然隔离人工辅助授粉的非套袋采种法。可省去人工套袋、夹花等花工较大的工序。每天上午 6 时前下地采摘将要开放的父本雄花，授粉时间从上午 6 时 30 分到 9 时为宜。授粉方法为反卷父本雄花花瓣，于雌花柱头上轻轻涂上一层花粉，一般每朵雄花可授粉 1 ～ 3 朵雌花，雄花充足时可采用一对一授粉，以提高单瓜种子数。杂交授粉结束后应做好标记。

（7）病虫害防治

山苦瓜在新区病虫害很少，但在老区虫害主要有蚜虫、瓜实蝇、菜青虫等，病害主要有白粉病、霜霉病、病毒病、炭疽病、根茎部细菌性软腐病等。防治害虫可用灭蝇胺、氯氰·毒死蜱、氟虫腈、阿维菌素等。防治病害可用甲基硫菌灵、腈菌唑、乙嘧酚、乙膦铝锰锌或甲霜·锰锌、代森锰锌、小叶敌（0.3%）等。

（8）收获

①**采收与后熟。**当种瓜的顶部由绿色转成黄红色或橘红色、瓜皮光亮时采收，一般春播夏收的种瓜于授粉后 26 ~ 32d 可采收，未熟透的瓜可后熟 1 ~ 2d 后瓜瓤熟透容易搓洗种子。

②**剖瓜洗籽。**经过熟透的种子，用刀纵切成两半、取出里面的瓜瓤和种子，不能发酵直接揉去种衣，用清水冲洗瓤肉、秕籽，将沉于水底的种子晾干，晾晒最好放在尼龙筛网上，中午应避免烈日强光暴晒，同时要经常翻动，否则会降低甚至丧失种子的发芽力。注意山苦瓜种子高温晒种和未干放置，发芽率比西瓜降得快。晒干种子的含水率在 7.0% 以下，正常发芽率可达 95% 以上。

2.西北地区山苦瓜采种

（1）选地

山苦瓜的采种地应选择温暖湿润的地域，土层肥沃疏松、排灌方便，保水保肥力强，前茬以小麦、洋葱或玉米为宜。

（2）播前准备与播种育苗

基质的准备：把不含油脂的木屑，如杉木屑、杂木屑等，用开水烫或在锅中煮开后，用清水漂洗 1 遍后晒干备用，可除去木屑中的挥发性物质。播种前把木屑和水调拌均匀，木屑的含水量以手捏紧木屑时手指间稍有水分流出、手一放开木屑就松开为度。播种至定植的田间管理：种子播于大棚中的基质内，发芽前 3 ~ 5d 在基质上加盖地膜保湿增温及加盖小拱棚。部分山苦瓜出苗后取掉基质上加盖的地膜，一般 7d 左右可齐苗，播后 10d 左右移入育苗盘（钵）假植，在大棚内喷水增湿，假植缓苗 10 ~ 15d，炼苗 7 ~ 10d，之后定植。

播前的种子处理：西北瓜类采种，由于光照充足、湿度低、蚜虫多，病毒病比南方更易发生，所以必要时对种子进行处理，防止种子带毒引发的田间植株病毒病。具体操作如下：山苦瓜种子用 0.2% 的高锰酸钾溶液浸种 25min（注意最长应不超过 30min），稍洗净药液，再用 50 ~ 55℃的温水浸种 15min，其间搅拌数次，使种子受热均匀，之后加冷水至 30℃左右，继续浸种至 8 ~ 10h，直接播于大棚的发芽基质中。父本最好提前 15 ~ 20d 播种。父本：母本以 1 ：（10 ~ 15）为宜。

（3）基肥与追肥

①**基肥。**每亩全层撒施土杂肥 1.5 ~ 2.0m^3 后犁地，开沟整畦时于膜内侧开沟条施硝酸磷钾（16-10-10）或磷二铵 + 硝酸磷钾（1 ：1 混合），用量每亩 30 ~ 40kg，覆土后再铺膜。

②**追肥。**土壤地力较高且施足有机肥的农户，整个采种过程追肥 3 ~ 4 次就可以。一般第一次追肥于 6 月上旬（第 4 次灌水前）进行，在定植垄内侧不间隔打洞穴施，每亩用硝酸磷钾 25kg，第二次和第三次追肥于杂交授粉中期和后期的 7 月上旬和下旬进行，在定植垄水塘沟壁 10cm 处打洞，每株打 1 洞，洞深 10 ~ 15cm，每洞放入复合肥 10 ~ 12g，每亩用量 30 ~ 36kg。复合肥可使用硝酸磷钾 + 磷二铵，按 2 ：1 混合，也可以用磷二铵 + 磷酸二氢钾，按 4 ：1 混合。若地力较差的地块，于 6 月上旬至中旬灌水时用碳酸氢铵或尿素于灌水口化水追施 1 ~ 2 次，也可直接把氮肥撒施在水塘沟里后灌水，每次用碳酸氢铵 10 ~ 15kg 或尿素 5 ~ 8kg。

（4）定植与管理

①**定植密度。**经过多年的采种，实践证明以水塘 40cm、旱塘 110 ~ 120cm（于水塘边各植一列）较合理，旱塘过小不利于摘雄蕾和杂交授粉的人工操作，过宽则土地和光能利用率低。株距根据母本长势的强弱，稍有差异，白皮系母本为 25 ~ 30cm，而青皮系母本为 30 ~ 32cm 为宜；父本统一按株距 60cm 定植，无需整枝。

②**定植。**各地气候条件不同，播种定植的时间也不同，甘肃某地山苦瓜采种定植时间如下：父本于 5 月上旬、母本于 5 月下旬及真叶 4 片左右时的晴暖天气进行。

③搭架。由于6月上中旬劳动力较闲余，所以多在主蔓长30cm以前就搭好架。具体做法：采用2.0m长的竹竿、每株立1根竹竿、在水塘沟的1.8m高度横一条固定铁线，两头及中间加桩，两垄之间的竹竿在1.8m处扎成“人”字形。

（5）灌水

灌水是西北山苦瓜采种非常关键的一个环节，水分不足就无法取得较高的采种量。

（6）扎蔓、整枝

主蔓第一雌花出现后开始整蔓上架，从主蔓15节左右（即蔓长40cm左右）第一次捆扎，以后每隔3 ~ 4节捆扎一次，并摘除主蔓上所有侧枝和主蔓上的雄花蕾，在主蔓上架1.8m内，选留4 ~ 6个发育良好的雌花，保证每株留果3 ~ 4条。主蔓2 ~ 2.2m摘心，保证白皮系山苦瓜主蔓上有35 ~ 40个叶片，青皮山苦瓜有30 ~ 35个叶片，授粉结束后，在不影响周边山苦瓜杂交纯度的前提下，可在接近摘心处的顶端留1 ~ 2个侧芽，授粉后放任生长，可提高采种量。

（7）去杂与清花

杂交授粉开始前，必须对父母本进行一次彻底去杂，根据品种茎叶等形态特征、拔除杂异株，特别是父本中混有杂株对制种纯度影响极大，授粉过程中都要留心观察，发现异株立刻停止取粉，同时在母本引蔓整枝过程中随手摘除母本所有已开和未开的雄花（蕾），并摘除已开放未人工授粉的雌花（瓜）。以后每天下午至少巡查1次，摘除遗漏的母本雄花蕾。及时、彻底、干净地摘除母本雄花，使授粉期间母本无雄花开放，以确保杂交种子的纯度。

（8）授粉

母本采用空间隔离、人工辅助授粉的非套袋采种法。每天上午6 ~ 7时前下地采摘将要开放的父本雄花，或于前一天的下午7时后采摘第二天待开的雄蕾，取回家保湿保温。授粉时间从上午7:30到10时为宜。授粉方法为反卷父本雄花花瓣，于雌花柱头上轻轻涂上一层花粉，一般每朵雄花可授粉1 ~ 3朵雌花，雄花充足时可采用一对一授粉，以提高单瓜种子数。杂交授粉后应作好标记。

（9）病虫害防治

山苦瓜一般较抗病，在西北新区病虫害很少，虫害主要是蚜虫，病害主要有叶斑病、病毒病等。防治害虫可用啶虫脒、吡虫啉、敌敌畏等。防治病害可用甲基硫菌灵、百菌清、噁霜·锰锌、代森锰锌、福美双、盐酸吗啉胍、0.1%的高锰酸钾溶液等。

（10）根外追肥

山苦瓜采种单株挂果量大，时间长，尤其是授粉后期的7月下旬至8月中旬，果实快速膨大、种子中干物质大量形成阶段需要叶片保持旺盛的光合作用。为此，在叶面喷洒0.2%磷酸二氢钾+0.1%尿素液或农用氨基酸等根外追肥，延长叶片功能期，显得非常重要。在微碱性地块上，由于铁的有效性很低，山苦瓜容易出现缺铁现象造成减产，严重地块山苦瓜叶片黄化明显，需要在7月上旬至下旬喷0.1%～0.2%的硫酸亚铁溶液2～3次。

（11）收获

①**采收与后熟。**当种瓜的顶部由绿色转成黄红色或橘红色时采收，一般春播秋收的种瓜于授粉后28～35d可采收，未熟透的种瓜可后熟1～2d以提高种子的发芽率，同时瓜瓤熟透后容易搓洗种子。

②**洗籽。**经过后熟的熟透种瓜一分为二，取出里面的瓜瓤和种子，不能发酵直接揉去种衣，用清水冲洗瓤肉、秕籽，将沉于水底的种子晾干，晾晒最好放在尼龙筛网上，中午应避免烈日强光暴晒，同时要经常翻动，否则会降低甚至丧失种子的发芽力。晒干种子的含水量在7.0%以下，正常发芽率可达95%～100%。

第八章 D I B A Z H A N G

山苦瓜贮藏保鲜技术

8 ~ 9 月是南方平原或低海拔地区山苦瓜生产供应的淡季，高海拔种植的山苦瓜需要长途运输才能到达批发市场，此时气温高，山苦瓜采收后老熟黄化加快，需要低温等贮藏保鲜措施来降低运输过程的消耗和延长山苦瓜货架期。冬季和早春是山苦瓜的淡季，山苦瓜种植地主要在福建、海南、广东、广西和台湾，产品销往外地，需要长距离的运输，所以山苦瓜的贮藏保鲜技术在山苦瓜周年供应中是不可缺少的一环。

第一节 山苦瓜贮藏保鲜原理

山苦瓜果实膨大，是根系吸收的水分、矿质元素和茎叶光合作用合成的有机物通过果柄连续输送到果实中积累的结果。采摘后，物质的输送被中断了，但山苦瓜果实仍作为一个活着的有机体，继续进行一系列呼吸代谢活动。果面的水分蒸发，果实内部的维生素 C、糖类等营养物质被不断分解，随着时间的推移，瓜体重量减轻，光泽消失，果实发黄、变软、皱缩，抗菌能力下降，继而由于机械损伤或病害而腐烂。因此，山苦瓜贮藏保鲜的根本，是最大限度地抑制果实的呼吸作用和蒸腾作用，以减少自身的物质消耗、延缓成熟和衰老进程、延长采后寿命和货架期。

一、影响山苦瓜呼吸作用的因素

1. 温度

低温可减弱呼吸作用，但山苦瓜低温贮藏容易发生冷害。山苦瓜在 6℃时贮藏 6d 会发生冷害；11℃贮藏 15d 的山苦瓜果实表现出明显冷害症状；13℃贮藏 15d 山苦瓜没有发生冷害，所以山苦瓜贮藏 10 ~ 15d 时，适宜的贮藏温度为 13℃左右，低于 10℃时山苦瓜在后熟过程会释出乙烯，山苦瓜对乙烯十分敏感，即使有极微量的乙烯存在，也会激发山苦瓜迅速老熟，加快山苦瓜冷害发生，阻碍正常的后熟过程，造成生理损伤。贮藏温度要恒定，因为温度的起伏变化会加快呼吸作用进程，增加物质消耗。山苦瓜的呼吸较强，在采后第6d就达到呼吸高峰，以后趋于平缓，维持在一定水平。乙烯峰在不同的温度下出现的时间不一样，随着温度降低，乙烯峰来得越晚，这是由于低温抑制了乙烯的合成。

2. 环境气体

在有条件的地方，可通过合理调节环境来保鲜山苦瓜，其方法是合理控制山苦瓜贮藏环境中的氧浓度（3%～4%）和适当提高二氧化碳浓度（1%～10%），可以抑制山苦瓜果实的呼吸作用，从而延缓后熟、衰老过程。另外，较低温度和低氧、高二氧化碳也会抑制果蔬乙烯的合成并抑制已有乙烯对果蔬的影响。

3. 机械损伤

受到机械损伤的果实，呼吸作用会显著增强，贮藏寿命缩短，还容易受病菌侵染而引起腐烂。因此，在采收、分级、包装、运输和贮藏过程中要避免机械损伤，这是山苦瓜长期贮藏的重要前提。所以外运的商品山苦瓜要求生理成熟七八成时就应采摘，保证瓜身青绿色；操作要格外小心，把严格挑选好的瓜用纸张或蕉叶等包好，放入硬质的纸箱或箩筐，立即运走。如果超过2d的路程，必须把装好山苦瓜的纸箱或箩筐放入4～5℃的冷库进行一定时间的预冷处理，使山苦瓜果肉温度达到13℃左右或加入乙烯吸收剂。

4. 化学调节物质

主要是指植物激素类物质，包括乙烯、2,4-D、萘乙酸、脱落酸、青鲜素、矮壮素、B9（N-二甲基琥珀酰胺）等。生长素和激动素对山苦瓜的主要作用是抑制呼吸、延缓后熟；乙烯和脱落酸的主要作用是促进呼吸、加速后熟。当然，由于浓度和种类的不同，各种植物对激素的反应也是不一样的。

二、影响果实蒸腾作用的因素

影响果实蒸腾作用的因素有：品种特性、成熟度、温度、相对湿度、风速和包装。

1. 品种特性

不同山苦瓜品种的果皮组织的厚薄不一，果皮上所具有的角质层、果脂、皮孔的大小也都不同，因而具有不同的蒸腾特性。一般肉质较硬、纵条瘤、果皮光亮的品种，果实采摘后的失水相对会慢些。

2. 成熟度

随着山苦瓜成熟度的提高，其蒸腾速度变小。这是因为随着山苦瓜不断成熟其果皮组织的生长发育逐渐完善，角质层、蜡层逐步形成，蒸腾量就会减少。

3. 温度

蒸腾作用与温度的高低密切相关。高温促进蒸腾，低温抑制蒸腾，这是贮藏运输各个环节强调低温的重要原因之一。

4. 相对湿度

贮藏环境的相对湿度越大，水分越不容易蒸腾。因此，采用泼水、喷雾等方法保持库房较高的相对湿度可以抑制果蔬的蒸腾，以利保鲜。

5. 风速

蒸腾作用的水蒸气覆盖在山苦瓜表面形成蒸发面，可以降低蒸气压差，起到抑制蒸腾的作用。如果风吹散了水蒸气膜，就会促进蒸腾作用。

6. 包装

包装对于贮藏、运输中山苦瓜水分蒸发具有十分明显的影响。现在常用的瓦楞纸箱与木箱和竹筐相比，用纸箱包装的果实蒸发量最小。若在纸箱内衬塑料薄膜，水分蒸发可以大大降低。果实包纸、装塑料薄膜袋、涂蜡、涂保鲜剂等都有防止或降低水分蒸发的作用。

第二节　山苦瓜采收及贮前处理

近来在农村调查时发现，菜农在采收山苦瓜时随意性很大，严重影响山苦瓜的产量和品质。现将山苦瓜采收标准和注意事项介绍如下。

一、采收标准

山苦瓜老嫩均可食用，但一般为了保证食用品质，提高产量，多采收中等成熟的果实。一般自开花后 10 ~ 14d 为适宜采收期，即果实的果瘤突起比较饱满，果皮有光泽，果顶颜色开始变淡时采收。过早采收，山苦瓜内腔壁较硬，果面光泽度差，果肉维生素 C 含量还处在上升阶段，产量低；过晚采收瓜瓤已开始转红色，果肉维生素 C 含量开始下降，食用品质降低，贮藏期缩短，并容易在贮藏中转红开裂。要求采收后尽快置于阴凉处。有条件的地方可在 4 ~ 5℃的冷库中预冷，使山苦瓜温度接近贮运的适宜温度 13℃左右。

二、注意事项

山苦瓜的采收应考虑到山苦瓜的品种特点、生长季节、采后用途、运输时间的长短及运输方式、贮藏时间的长短及贮藏方式、销售时间的长短及销售方式等。采收时主要应注意以下 7 个问题。

1. 采前控水

需要长途运输和贮藏的山苦瓜，在收获前 2 ~ 3d 停止浇水，可有效增强其耐藏性，减少腐烂，延长山苦瓜的采后保鲜期。

2. 安全间隔期

山苦瓜生产过程中会使用一些无公害蔬菜允许使用的农药，为了消费安全，只有达到了农药安全间隔期时才可以采收。

3. 适时采收

采收要及时，过早采收产量低，产品达不到标准，而且风味、品质和色泽也不好；过晚采收，不但影响后续瓜的膨大，而且产品不耐贮藏和运输。一般就地销售的山苦瓜，可以适当晚采收；长期贮藏和远距离运输的山苦瓜，则要适当早采收；冬天收获的山苦瓜可适当晚采收；夏天收获的山苦瓜要适当早采收；有冷链流通的山苦瓜可适当晚采收；常温流通的山苦瓜要适当早采收；在市场价格较贵的冬、春季，可适当早采收。

4. 防止损伤

山苦瓜采收时要轻拿轻放，避免机械损伤。机械损伤是采后贮藏、流通保鲜的大敌，其不仅会引起蔬菜呼吸代谢升高、降低抗性、降低品质，还会引起微生物的侵染，导致腐烂。

5. 避雨、露水

不要在雨后和露水较大时采收，否则山苦瓜难保鲜，极易引起腐烂。

6. 低温采收

尽量在一天中温度最低的清晨采收，可减少山苦瓜所携带的田间热量，降低山苦瓜自身的呼吸作用，有利于采后品质的保持。忌在高温、暴晒时采收。

7. 采收方法

一手托住瓜，一手用剪刀将果柄轻轻剪断，果柄留 1cm 长左右，并拭去果皮上的污物。

第三节　山苦瓜贮藏保鲜的方法

凡可提供适宜贮藏条件的冷库、半地下式菜窖或土窖均可作为山苦瓜的贮藏场所。贮藏用包装内贮袋不宜过大，如采用聚乙烯薄膜袋做包装，需用折口贮藏法，以防止乙烯的过多积累。贮运时不宜与释放乙烯较多的果蔬混藏或混运。在适宜条件下，山苦瓜可贮藏 2 ～ 3 周。

一、速冻贮藏

选鲜嫩、无病虫害的山苦瓜放到清水中洗净。去籽、去瓤，切成瓜圈、瓜块或瓜片，盛于竹筐内，连篮浸入沸水中烫漂 0.5 ～ 1min，切的形状不同，烫漂时间也不同。烫漂时要不停地搅匀。烫漂后迅速捞出，并浸入冷水中冷却，使瓜温在短时间内降至 5 ～ 8℃后捞出放入竹筐内沥干，再立即放入冷库内速冻，库内温度应控制在 -30℃，以菜体温度达 -18℃为宜。在速冻过程中翻动 2 ～ 3 次，促进冰晶形成和防止菜体间冻成坨。用食品袋装好封口，再装入纸箱。装箱后的山苦瓜放入彻底清洁和消毒过的 -18℃冷却库内贮存，速冻山苦瓜一般可保存 6 ～ 8 个月。

二、地窖贮藏

选地下库、地窖、防空洞等作贮藏库，并采取必要的通风措施。将预贮后的山苦瓜装箱、装筐或堆放在菜架上作短期贮藏。贮藏温度宜稳定在 13 ～ 15℃，相对湿度控制在 85% ～ 90%。

三、鲜瓜冷库贮藏

将经预处理的山苦瓜果实盛于经漂白粉洗涤消毒后的竹筐或塑料筐中，放入冷库中贮藏。山苦瓜贮藏时，库温通常都应控制在 10 ～ 13℃范围内，相对湿度控制在 85% 左右。但不同的栽培地、品种和采收成熟度均会影响山苦瓜的贮藏温度及冷害敏感性。冷库内山苦瓜贮存时间相对较长。其中，10 ~ 12℃下 10 ~ 14d 山苦瓜仍保持新鲜，低于 10℃时发生严重冷害，高于 13℃时山苦瓜的后熟衰老迅速。

四、鲜瓜气调贮藏

该方法是人为改变贮藏产品周围的大气组成，使氧气和二氧化碳浓度保持一定比例，以创造并维持产品所要求的气体组成。气调可与冷藏配合进行，也可在常温下进行。山苦瓜是易发生冷害的蔬菜，冷害引起山苦瓜升温后呼吸强度的显著升高，所以气调贮藏温度不能过低，一般控制在 10 ~ 18℃之间，同时以氧气分压控制在 2% ~ 3%、二氧化碳分压在 5% 以下为宜。气调与非气调贮藏相比，在前两周差别不明显，在第三周气调的山苦瓜则表现出比非气调山苦瓜更低的腐烂、裂果和失重占比。气调贮藏中比较简单的是薄膜封闭贮藏，其中又分为塑料帐封闭贮藏和薄膜包装袋封闭贮藏。它们均可用于运输途中，成本低、易推广。

五、其他贮藏方法

有一些新兴的贮藏保鲜方法，但目前基本上都还处于实验阶段，由于技术要求高或成本方面的制约，没有大量投入生产应用中，还有待进一步研究并推广。

1. 电离辐射技术的应用

利用电离辐射贮藏瓜类是一种发展很快的新技术，辐射处理可以延缓果实成熟，并具有杀虫、杀菌、消毒及防腐作用，既不破坏外形，又能保持瓜类原有色、香、味及营养成分，并且在常温下保存期长，不仅节约能源，更没有化学药剂的残留。

2. 静电技术的应用

近年来，静电技术已被越来越多地应用于果蔬保鲜，很多实验都证明应用静电场处理果蔬，不仅能起到对其消毒灭菌的作用，而且可保持其原色泽、原品味，并不降低其维生素 C 及氨基酸等的含量。

3. 减压贮藏

减压贮藏又称低压贮藏，通常压力只有正常大气压的 1/15 ~ 1/6，此大气压可以加速气体交换，有利于有害气体的去除。同时，各气体的绝对含量大大下降，起低氧气调的作用，但减压条件下果蔬水分极易丧失，减压库必须安装高性能的增湿装置。减压贮藏成本高，出库产品缺乏浓郁芳香，且对品质有一定的影响。

4. 臭氧处理贮藏

臭氧易分解产生原子氧，原子氧氧化果蔬表面的微生物使其死亡或生长受抑。同时，臭氧分解产生的原子氧可氧化分解乙烯，有利于果蔬的贮藏，经常与其他贮藏方式结合使用。

5. 运输、包装贮藏要求

山苦瓜对运输和包装的具体要求，与采收地至集散地或销售地的距离及气候条件等因素有关。地产地销及中短途运输可采用常温运输；炎热天气或遇雨，要有遮阴和遮雨设施，防止日晒、雨淋；严冬季节要采用防寒措施，如盖棉被、稻苫等。短途运输以加衬筐装为宜，若用散装，则要码放牢固并加铺垫，以免造成损失。如长途运输则应采用低温运输，以加内衬的纸箱、竹筐等做包装，严禁与释放乙烯较多的果蔬混运。

第九章 DIJIUZHANG

山苦瓜加工利用技术

第一节 加工方法与技术

山苦瓜营养丰富，研究发现，它具有明显的降血糖作用，对糖尿病有一定疗效，还有一定的抗病毒能力和防癌的功效。随着人们生活水平的不断提高，山苦瓜除作为鲜食蔬菜食用外，可以生吃也可以熟吃，做法和其他蔬菜类似，例如清炒山苦瓜、山苦瓜煮汤、山苦瓜炒蛋、山苦瓜涮锅等等。夏季天气炎热，来一份山苦瓜汤，苦中带甘，清热解暑。山苦瓜果实表皮呈瘤粒状，买回后当天要吃时先用清水泡 15min 左右，让农药水解，然后以软毛牙刷刷瘤纹，若有裂痕或过熟而呈红黄色，则不能泡水，可在水龙头下冲洗干净备用。由于山苦瓜富含皂苷等营养成分，山苦瓜深加工应运而生。随着山苦瓜各种深加工工艺的不断成熟完善，目前，可以将山苦瓜加工成山苦瓜茶、保健酒、蜜饯、含片、饮料等产品来满足消费者的需要。现将山苦瓜加工技术简单介绍如下。

山苦瓜排骨汤

卤山苦瓜

梅子凉拌山苦瓜

山苦瓜炒鸡蛋

一、山苦瓜茶

1. 工艺流程

原料选择→洗涤→横切→切片→鼓风烘烤→包装→成品。也可以直接整粒洗涤后烘烤。

2. 操作要点

(1) 原料选择

选新鲜六七分成熟、无病虫、无腐烂的山苦瓜为原料。

(2) 洗涤

用流动清水将山苦瓜洗净。

(3) 切片

用切片机将山苦瓜切成 2 ~ 5mm 的薄片。

(4) 干燥

可用茶叶烘焙机或其他干制机进行干燥，温度为 80℃左右，八成干后放凉；也可用自然干燥法，将山苦瓜铺在网上，太阳下晒约 3d，使重量减少到刚切时重量的 5% ~ 10% 为宜，成品保持原有瓜色。

(5) 烘烤

将干燥后的半成品 60℃烘 3h 至干，放凉后 105℃烘 1h，制得山苦瓜茶品，泡时有浓香味，口感更佳。

(6) 包装

烘烤后经冷却的山苦瓜片即为山苦瓜茶，可用食品袋等防潮包装。

3. 产品特点

山苦瓜有一种芳醇味道，并有香气，类似于一般饮用茶饮用，具有降血压、降血糖之功能，是高血压和糖尿病患者理想的饮用茶。

4. 用法

取 5 ～ 7g 成品放入茶杯中，初次一定用刚浇开的开水冲泡，之后用 90℃左右开水冲泡，3 ～ 5min 后即可品饮，可连续冲泡 5 ～ 8 次。山苦瓜茶不适合空腹饮用，如果空腹饮用可能会引发腹泻。山苦瓜茶养心保肝作用非常好，它的降血脂、降血糖效应也是有目共睹的。对于血压高、血糖高的人，平时适量饮用山苦瓜茶，还可以起到调节血脂、血糖的作用。

山苦瓜切片

山苦瓜烘干设备

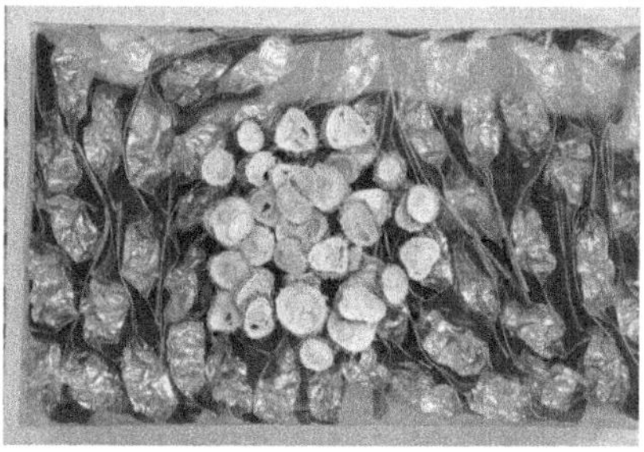

山苦瓜茶

二、山苦瓜酒

山苦瓜酒是近年来中国南方市场上出现的一种保健药酒，具有清热解毒、怡心明目、养血滋肝、润脾补肾等多种功效。常饮山苦瓜酒，可促进食欲、清热解毒、泄热通便，而且还具有预防和治疗感冒、扁桃体炎、咳嗽等作用。

1. 工艺流程

选料→清洗→选瓶洗涤→装瓶→注酒→封盖→贮存→成品。

2. 加工技术

（1）选料

选新鲜无病虫、无腐烂的山苦瓜为原料，瓜体中种子开始发育但种皮尚未木质化的山苦瓜。

（2）清洗

用流动的清水充分洗净，沥干水备用。

（3）选瓶

自制山苦瓜酒，可根据自身条件，任意选择瓶子大小。一般以密封性好的旋口罐头瓶为好。空瓶首先用碱水洗净，再用沸水杀菌 15 ~ 20min，备用。若加工量大，也可选择密封性好的大型容器。

（4）装瓶

最好整瓜装瓶。禁止用铁制刀具，以免污染酒质。

（5）注酒

瓶中最好注入高浓度的白酒或高浓度的大曲酒。因为在这样的酒中，山苦瓜甙溶解快，饮用功效高，酒与瓜的体积以 1 ∶ 1 为佳。

（6）贮存

将密封的盛酒容器置于阴凉干燥处存放，最好放在地下室。一般经过 40 ~ 60d 时间，当瓜条变成土黄色浸渍状，酒体有混浊感，摇动酒瓶，瓜条表皮上有粉状物脱落，打开酒瓶，气味浓烈，苦味爽口，即可饮用。

3. 产品特点

酒中含有丰富的氨基酸和苦瓜甙。酒味甘苦适宜，醇香可口，风味独特，回味悠长。

山苦瓜酒泡制

三、山苦瓜天然爽

1. 工艺流程

选料→清洗碎切→恒温浸提→过滤→真空浓缩→冷却→调配→灌装。

2. 恒温浸提

为充分浸提山苦瓜的有效营养成分，又要掩除其苦味，采用 15.7% 的乙醇溶液来浸提山苦瓜。为使生产出的产品风味清凉柔和，采用洋槐蜜、甘草作为甜味剂和矫味剂，这样更好地掩除山苦瓜的苦味。山苦瓜饮料中山苦瓜占

15.37%，甘草占 4.21%，15.7% 乙醇溶液占 80.42%。恒温浸提温度 85℃，恒温浸提时间 90min。山苦瓜经恒温浸提以后经 200 目过滤器精滤后得到滤液 A，滤渣再加 5 倍 15.7% 的乙醇溶液再次进行温恒浸提 30min，精滤后得到滤液 B，滤液 A、B 混合后进行真空浓缩。

3. 真空浓缩

山苦瓜浸提液 52%，洋槐蜜 48%，真空压力 –57.33kPa，浓缩温度 65℃，浓缩浓度 36°Bx。经真空浓缩、精滤后得到的溶液即是山苦瓜原浆液。

4. 调配、灌装

山苦瓜原浆液 13.3%，柠檬酸 1.68%，山梨酸钾 0.02%，碳酸水 85.0%。碳酸水温度≤ 4℃，灌装气压 0.2 ～ 0.25MPa。

四、山苦瓜饮料

山苦瓜是一种有较高保健作用的食品。开发食用方便、风味独特的天然山苦瓜饮品，符合人们对保健食品的需求。其最佳配比制作工艺如下。

1. 材料

原料要求选用无腐败、无病斑、七八成熟的绿色山苦瓜；主要配料有甜菊甙、柠檬酸、软化水。主要仪器设备有蒸煮锅、胶体磨、离心机、配料桶、高速均质机、真空脱气机、灌装封盖机、饮料泵、过滤器、榨汁机、手持糖量计、酸度计。

2. 工艺流程

选瓜→清洗→切片→煎煮→胶磨→过滤→澄清→分离→配料→过滤→脱气→灌装→封口→灭菌。

3. 操作要点

（1）选瓜洗瓜

新鲜山苦瓜采收后，应及时挑选去除烂瓜、病斑、虫穴及杂质，然后对半割开，去瓤去籽去蒂。用流水洗去泥土及污物，沥干水分，称重计量。挑选时应注意选用七八成熟的绿色山苦瓜，剔除红色已经成熟的山苦瓜、烂苦瓜及虫咬瓜。

（2）切片

将山苦瓜切成约 0.5cm 厚的片，以利榨汁。为防止榨汁时汁中成分氧化，可以适量加入维生素 C。

（3）胶磨

将山苦瓜片放于胶体磨中加水磨细，磨盘间距调至 80 ~ 100μm。

（4）过滤

将浆液经过 120 目的离心过滤机过滤，以除去纤维等物质。

（5）澄清分离

将胶体磨磨出的液汁加入适量的果胶酶，用搅拌机搅拌，静止 12h，吸取上清液。

（6）保存

制备好的山苦瓜原汁应尽快使用。如不能立即使用，必须在低温 4℃以下冷藏，以防变质。

（7）调配

将 36% 山苦瓜汁加适量调配用水，加热至 80℃，并依次加入 0.5% 柠檬酸、7% 甜菊甙、0.2% 食盐及适量的山梨酸钾，边加边搅拌，充分拌匀，加水定量。

（8）过滤、脱气

将配好的料液用硅藻土过滤机精滤后，用真空泵脱气，保持真空度 0.07MPa 20min。

（9）灌装、封口

经脱气后的饮料应立即灌装，真空封口，真空度为 0.05MPa。灌装所用容器及容器盖要求事先清洗消毒。

（10）灭菌冷却

封口后的饮料进行高压灭菌，120℃ 25 ~ 30min。将产品冷却至 10℃以下，然后迅速置于 0 ~ 4℃下保存 12h，经检验合格后即为成品。

4. 产品特点

该山苦瓜饮品清澈透明，淡黄绿色。质地均匀、细腻，无气泡产生，具有山苦瓜特有的风味，略带苦味，酸甜适宜，清爽润喉，无异味。

五、山苦瓜粉含片

1. 工艺

山苦瓜→清洗→切分、去籽→真空冷冻干燥→粗粉碎→超微粉碎到 100 目以上→加入蛋白糖等调配→压片→包装→成品。

2. 产品特点

山苦瓜粉含片是糖尿病患者的保健良品，服用方便，空腹含服效果最佳。清凉爽口，最大限度地保留了山苦瓜的有效成分及天然风味。

六、山苦瓜提取物含片

利用山苦瓜皂苷含量和干物质含量双高的福建省农业科学院新选育的山苦瓜杂交一代品种“如玉 45”药用山苦瓜品种，分别提取苦瓜皂苷和苦瓜素，根据每片山苦瓜皂苷和苦瓜素的设计含量，分别添加微晶纤维素辅料和 β 环糊精辅料后，两种物质混合均匀，再按物料重的 15% 添加 80% 乙醇制粒，过 14 目筛，60℃烘干后，20 目整粒，再加总重量 0.2% 的硬脂酸镁，混合均匀，用冲压片机压片。

1. 工艺流程

（1）备料

原料选择→洗涤→切片→鼓风烘烤（备用）。

(2) 山苦瓜皂苷提取物

山苦瓜干片→加入乙醇提取→过滤→滤液浓缩→烘干并加入微晶纤维素辅料。

(3) 山苦瓜素提取物

醇提取后的山苦瓜渣→加水提取→过滤→滤液浓缩→烘干并加入 β 环糊精辅料。

2. 产品特点

山苦瓜提取物含片是糖尿病患者的保健良品，苦瓜素和皂苷含量比山苦瓜粉含片提高了数倍，服用方便，效果更佳，最好空腹含服。

七、山苦瓜果酱

山苦瓜性味苦寒，营养丰富，具有消热祛暑、明目清心、通便、养神等功效。以山苦瓜和苹果为主要原料，加以砂糖、琼脂等为辅料制成的风味山苦瓜果酱，不仅风味独特，市场畅销，深受消费者喜爱，而且可通过深加工，延长产业链，使普通农产品增值若干倍，从而有效地增加农业收入。其加工技术如下。

1. 工艺流程

山苦瓜处理→苹果处理→原料配比→浓缩出料→装罐密封→杀菌冷却。

2. 加工要点

(1) 山苦瓜处理

择无病虫害、八成熟的新鲜山苦瓜，放入洗涤槽中，用流动清水清洗掉表面的泥土和杂物。然后用不锈钢刀对半剖开，挖去籽、瓤，切成 3cm 长的段，在 95 ~ 100℃的沸水中烫 2min（烫时水中要添加 0.2% 的柠檬酸），用打浆机打成浆备用。

(2) 苹果处理

选择成熟度高、无病虫害的苹果，清洗干净后去皮、对半切开，立即浸入 1% ~ 2% 的食盐水中进行 1h 护色处理。然后挖净果肉中的籽巢及梗蒂，修除斑疤及残留果皮，用清水洗涤 1 ~ 2 次。将处理后的果肉 100kg，加水 20 ~ 25kg，煮沸 30min，用打浆机打成浆备用。

（3）原料配比

山苦瓜浆 35kg，苹果浆 15kg，琼脂 200g（加水溶解成液体），砂糖 5kg（配成 75% 的糖液），其中 20% 的砂糖用淀粉糖浆代替。

（4）浓缩出料

糖液及山苦瓜浆、苹果浆、琼脂液等逐步吸入真空浓缩锅内，在 0.006MPa 以上的真空度下浓缩至可溶性固形物含量达 65.5% ~ 66%，关闭真空泵，破坏真空。至酱温达 95℃以上时停止加热，立即出锅。注意真空解除后适当搅拌，防止煳锅。

（5）装罐密封

浓缩完成后应立即装罐。装罐后酱体温度不得低于 90℃，一般采用 776 型马口铁罐或玻璃罐罐装，装罐后要立即封罐。

（6）杀菌冷却

装好罐送入杀菌釜中进行杀菌。

3. 产品特点

果酱呈天然清亮的浅黄色，具有山苦瓜的清香和苹果的香气，带有少许山苦瓜特有的苦味。

八、山苦瓜低糖蜜饯

用淀粉糖浆替代部分白砂糖，降低制品含糖量；添加海藻酸钠，保持制品透明饱满；不加防腐剂，采用真空包装，延长制品保质期；采用真空煮制方法，保持山苦瓜原有的营养和风味。此产品符合现代食品发展方向，市场前景十分广阔。现将其生产技术介绍如下。

1. 原料与设备

（1）主要原、辅料

山苦瓜、淀粉糖浆、白砂糖、柠檬酸、海藻酸钠、碳酸钠、醋酸铜、氯化钙均为食品级。

（2）主要仪器设备

主要仪器设备包括 GT6J6- 不锈钢夹层锅、手持糖量计、ZSG- 多用渍渗罐、ZGH-0.5 型果品烘干机、DZQ500/2SB 真空包装机。

2. 工艺流程

原料选择→清洗→硬化处理→漂洗→护色→热烫→冷却→浸胶→浸糖→真空煮制→烘烤→真空包装→检验→成品。

3. 技术操作

（1）原料选择

选用市售肉质肥大、成熟度适中、表皮青绿色、无病虫害、无机械损伤的鲜山苦瓜。用清水洗净其表面的杂质。

（2）硬化处理

目的是防止山苦瓜坯加热过程中烂损，改善制品品质。瓜坯放入 0.5% 氯化钙溶液中室温下浸泡 6 ~ 8h，再用清水漂洗，除去涩味。否则影响制品的色泽和风味。

（3）护色与热烫

为了软化山苦瓜细胞组织，便于胶体物质和糖液渗入，同时防止山苦瓜坯在加热中褐变，将瓜坯放入 0.008% 醋酸铜和 0.2% 碳酸钠护液中，90℃温度下加热 2min，瓜与溶液的比例为 1 ： 2，并缓慢搅拌，热烫以山苦瓜坯煮至半生不熟、组织较透明为宜，清水冷却。在微碱性护色液中，铜离子取代叶绿素中的镁离子，将山苦瓜中的叶绿素皂化为叶绿素铜钠，利用叶绿素铜钠对光、酸、热的稳定性达到防止山苦瓜褐变目的。

（4）浸胶

热烫冷却后的瓜坯沥干水分，放入配好的 0.5% 海藻酸钠水溶液中，浸渍 10 ~ 15h，使其渗透瓜组织内，增加制品透明感和饱和度。

（5）浸糖

按白砂糖与淀粉糖浆 1 ∶ 1 的比例配制 40% 的糖溶液，并加入 0.5% 柠檬酸和 0.1% 亚硫酸钠，用 4 层棉白纱布过滤，将浸胶后的瓜坯放入糖液中浸渍 20h，瓜与糖液比例为 1 ∶ 3。

（6）真空煮糖

糖浸后，将瓜坯从糖液中捞出，进行真空煮制，真空度维持在 640 ~ 660mm 汞柱，在 50 ~ 60℃低温下煮糖，制品可保持山苦瓜原有的风味，维生素 C 损失少。

（7）烘烤

从糖液中分离出来瓜坯，沥干糖液，送到烘干机内烘烤，烘烤温度 80 ~ 85℃，烘烤时间 5 ~ 6h，当蜜饯呈半透明状、不粘手时，即可拿出包装。采用高温短时烘烤，既防止山苦瓜褐变，又减少营养损失。

（8）包装检验

烘烤后蜜饯去除杂质，进行整理分级，使其外观一致，定量装入食品塑料袋中，用真空包装机封口，制品检验合格入库即为成品。

4. 产品特点

呈绿色或黄绿色，色泽基本一致，有透明感。甜酸略带清苦，爽口，具有山苦瓜蜜饯的风味和滋味，无异味。

山苦瓜蜜饯

九、山苦瓜粉胶囊

山苦瓜清洗、去皮、去籽、去瓤、去两头，切成厚 0.2cm 的山苦瓜片；山苦瓜片在沸水中烫漂 3 ~ 10min；烫漂后的山苦瓜片放入 -80℃超低温冰箱冷冻 12h；冷冻后的山苦瓜片进行真空冷冻干燥 24 ~ 48h，冷阱温度 -50℃，真空度 20 ~ 50Pa；干燥后的山苦瓜片粉碎、过 120 目筛，得到山苦瓜粉；山苦瓜粉装入空心胶囊制成山苦瓜粉胶囊。

十、山苦瓜软胶囊

1. 选取原料

以按一定比例选取山苦瓜提取物、蜂胶乙醇提取物、银杏叶提取物、吡啶甲酸铬为主要原料，将其主要原料进行混合，其中山苦瓜提取物、银杏叶提取物以及 60Co 6kGy 经辐照灭菌。

2. 制备囊皮胶液

在混合物内加入水后，升温至 60 ~ 70℃，加入玉米油、明胶、甘油、蜂蜡、黑氧化铁，继续加热至 75 ~ 80℃后搅拌均匀，静置后过筛，得到囊皮胶液备用。

3. 制备胶丸

将囊芯料液和囊皮胶液在压模设备上压制成胶丸，定型干燥。

4. 成品制备

将干燥后的胶丸进行洗涤，完成洗涤后依次进行灭菌及包装，得蜂胶山苦瓜铬软胶囊。

十一、山苦瓜干

1. 工艺流程

原料选择→洗涤→鼓风烘烤→包装→成品。

2. 操作要点

（1）原料选择

选新鲜六七分成熟、无病虫、无腐烂的山苦瓜为原料。

（2）洗涤

用流动清水将山苦瓜洗净。

（3）干燥

可用茶叶烘焙机或其他干制机进行干燥，温度为 80℃左右，八成干后放凉；也可用自然干燥法，将山苦瓜铺在网上，太阳下晒约 3d，使重量减少到刚切时重量的 5% ~ 10% 为宜。

（4）烘烤

将干燥后的半成品 60℃烘 3h 至干，放凉后 105℃烘 1h，制得山苦瓜干。

（5）包装

烘烤后经冷却的山苦瓜干，可用食品袋等防潮包装。

3. 用法

取 1 ~ 2 粒成品放入炖罐中，与排骨等肉类一起炖 2h 左右，是东南地区夏日解暑的汤饮，味苦甘、清润，具清暑除热、明目解毒的功效，民间上亦常用以治疗感暑烦渴、暑疖、痱子过多、眼结膜炎等症。

整粒山苦瓜干

十二、山苦瓜汁

1. 原料

山苦瓜、蜂蜜、柠檬、甘草、β－环糊精。

2. 制作过程

山苦瓜丁放入 0.1% 柠檬酸、0.01% 醋酸锌预煮 10min。榨汁后用 0.08% 果胶酶在 45℃酶解 1h，澄清过滤。15% 山苦瓜汁、10% 蜂蜜、0.3% β－环糊精混合即成山苦瓜汁。

山苦瓜汁

第二节　功能成分提取

一、山苦瓜黄酮

1. 山苦瓜的预处理

将山苦瓜用水清洗去除其表面可能存在的农药等残留，清洗后用干净纸巾擦拭其表面去除水分。挖去其内籽及瓤之后对山苦瓜进行切片细碎处理，将所得切片置于恒温鼓风干燥箱中干燥，待干燥的山苦瓜质量不再发生变化、保持恒重时，即是完成干燥。可以进行粉碎处理，将粉碎后的山苦瓜于60目筛过筛，收集过筛粉末于干燥后细口瓶中密封储存。

2. 提取方法

1 ∶ 10的料液比（g/mL）、80%的乙醇体积分数、30min的超声时间和40℃的超声温度。在此条件下平均提取率为1.192%（mg/g）。

二、山苦瓜素

将洗净的山苦瓜投入提取装置中，在粉碎箱内粉碎，经过输送管输送至分离管进行固液分离操作后，将得到的溶液与纤维素酶均匀混合，反应72h，对所得溶液进行过滤除杂，之后将得到的溶液进行浓缩萃取，然后进行真空过滤，之后将得到的溶液进行低温真空干燥。

山苦瓜素

三、山苦瓜多肽

山苦瓜中也含有一种叫做多胜肽的特殊物质，大家都知道这种物质的作用是类似于胰岛素的，而且每 100g 山苦瓜中这多肽类物质的含量为 25mg，这是非常难得的。

①将人工种植和野生鲜山苦瓜放进冷冻干燥设备里进行冷冻干燥，之后碎成粉末，即成冷冻干燥山苦瓜粉。

②将步骤一中的山苦瓜粉倒进酶解装置里，用纤维素酶对其进行降解（酶解温度为 40℃，酶解时间 45min），之后，将酶解液倒进桶中。

③将步骤二中盛放有酶解液的桶放到冷库冷冻沉淀，冷库温度为不超过 0℃，冷冻时间为 5d，待其杂质沉淀。

④将步骤三中沉淀的酶解液使用过滤设备过滤三遍，之后进行酶灭活，消毒（温度在 100℃以内），即可得山苦瓜多肽浓缩液。

山苦瓜多肽

附录
山苦瓜资源评价及杂交组合评比试验时主要观测内容及标准

1. 试验地点

试验种植的地点。省—市（县）—乡—村—自然村或组。

2. 土壤试验地的基本情况

如质地（沙壤、黏壤、壤土等）、排灌条件、四周的植被、前茬作物等。

3. 物候期观察

（1）播种日期

进行山苦瓜种质形态特征和生物学特性鉴定时的实际种子播种日期。以“年月日”表示，格式“YYYYMMDD”。

（2）齐苗期

指75%的苗出土且子叶展平的日期。以“年月日”表示，格式“YYYYMMDD”。

（3）定植期

育苗移栽时，实际定植幼苗的日期。直播时，在备注栏内记载“直播”。以“年月日”表示，格式“YYYYMMDD”。

（4）雌雄花始花期

进行山苦瓜种质形态特征和生物学特性鉴定时，种质群体中30%植株第一朵雌花开放的日期。耐低温品种还要在冬春大棚记载雄花始花期，标准同上。以“年月日”表示，格式“YYYYMMDD”。

（5）雌花盛花期

50%植株第一朵雌花开放的日期。以“年月日”表示，格式“YYYYMMDD”。

（6）始收期

进行山苦瓜种质形态特征和生物学特性鉴定时，种质群体中 30% 植株商品瓜第一次采收的日期。以“年月日”表示，格式“YYYYMMDD”。

（7）盛收期

进行山苦瓜种质形态特征和生物学特性鉴定时，种质群体中 50% 植株商品瓜第一次采收的日期。以“年月日”表示，格式“YYYYMMDD”。

（8）终收期

进行山苦瓜种质形态特征和生物学特性鉴定时，最后一次采收商品瓜的日期。以“年月日”表示，格式“YYYYMMDD”。

（9）延续采收期

进行山苦瓜种质形态特征和生物学特性鉴定时，始收到终收的天数。

（10）全生育期

进行山苦瓜种质形态特征和生物学特性鉴定时，从播种到终收的天数。

4. 生物学特性

（1）第一雌花节位

结果初期，植株主蔓第一对真叶到第一朵雌花的节位，调查种质群体中所有定植株数，最少 10 株，计算平均值，作为该种质群体中第一雌花节位。

（2）雌花节率

结果盛期，主蔓上 35 节内着生雌花的节位数占总节位数的百分率。以“%”表示。

（3）生长势

用目测法分别调查植株苗期、盛花期、盛收期的生长势，分强、中、弱三个等级。

（4）抗逆性

包括耐低温性、耐高温性、耐涝性及耐旱性。记载特殊天气的情况及持续天数。分强、中、弱三级。

①强：受害后生长正常。

②中：受害后生长受阻，对产量有一定影响。

③弱：受害后生长不良，产量明显降低。

（5）分枝能力

分枝长到 20cm 以上时计数，每品种调查 10 株，分强、中、弱 3 级。同时说明在主蔓上分枝的部位及分枝最多级次。

①强：分枝节数占全株总节数 60% 以上。

②中：分枝节数占全株总节数 30% ~ 60%。

③弱：分枝节数占全株总节数 30% 以下。

（6）叶色

结果盛期，植株中部生长正常的成熟叶片正面的颜色，可分为深绿、绿、浅绿和黄绿。

（7）叶缘

结果盛期，植株中部生长正常的成熟叶片先端边缘波纹的种类，可分为全缘、波状和锯齿。

（8）叶裂刻

结果盛期，植株中部生长正常的成熟叶片边缘缺刻的有无及深浅，可分为无裂刻、浅裂和深裂。

（9）裂片数

结果盛期，植株中部生长正常的成熟叶片的裂片数目。单位为片。

（10）叶片长

结果盛期，每个小区随机抽取 10 株，调查植株中部最大叶片下延基部至叶先端的长度。单位为 cm，精确到 0.1cm。

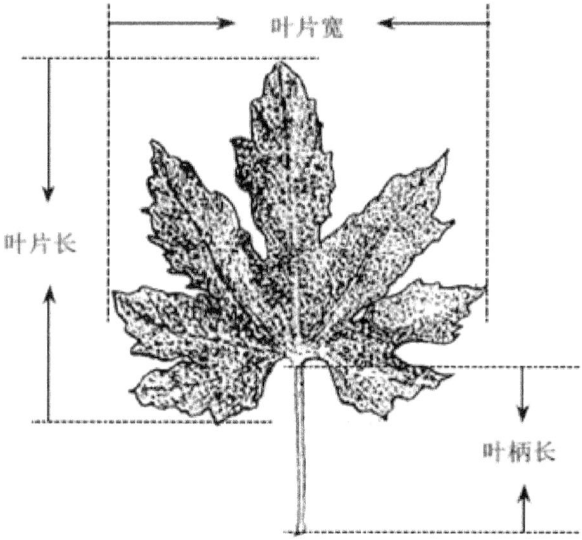

（11）叶片宽

结果盛期，每个小区随机抽取 10 株，调查植株中部最大叶片最宽处的宽度。单位为 cm，精确到 0.1cm。

（12）叶柄长

结果盛期，每个小区随机抽取 10 株，调查植株中部最大叶片叶柄的长度。单位为 cm，精确到 0.1cm。

（13）主蔓长

从子叶节到顶部的长度，小区调查 10 株。单位为 cm。

（14）主蔓色

结果盛期，植株主蔓表面的颜色，分为黄绿、浅绿、绿和深绿。

（15）主蔓粗

结果末期，植株主蔓基部土面 10cm 处横径。单位为 cm，精确到 0.1cm。

（16）节间长

结果盛期，每个小区随机抽取 10 株，调查植株主蔓第一至第十节节间的平均长度，取其平均值。单位为 cm，精确到 0.1cm。（注：山苦瓜生长前期温度低，节间短，无代表性，应调查植株主蔓第十至第二十节节间的平均长度，取其平均值）

5. 考种

考察达到商品成熟度的山苦瓜嫩瓜（以下简称商品瓜）。商品成熟度是指山苦瓜的子房充分膨大，花冠开始凋谢，种子尚未膨大时，其外部特征为果皮光滑，果肉脆嫩，不发软。

一般在采收盛期，摘取花后 13d 左右的商品瓜，观察记载果形，皮色和瘤状，测量瓜纵径、横径、肉厚、每个组合（品种）观测代表果 5 个。

（1）瓜形参考标准

①短纺锤瓜长 5 ~ 10cm，两头尖。

②长纺锤瓜长 10cm 以上，两头尖。

③短圆锥瓜长 10cm 以下。

④近球形指果实的纵径与横径相接近。

（2）瓜纵径

结果盛期,发育正常、达到商品成熟度的山苦瓜近瓜蒂端瓜面至瓜顶的长度,取 10 个瓜的平均值。单位为 cm。

（3）瓜横径

结果盛期，发育正常、达到商品成熟度的山苦瓜最大横切面的直径，取 10 个瓜的平均值。单位为 cm。

（4）瓜色

结果盛期,发育正常、达到商品成熟度的山苦瓜表皮的颜色,可分为白、白绿、黄白、浅绿、黄绿、绿、青绿、深绿、墨绿等。

（5）瓜肉厚

结果盛期，发育正常、达到商品成熟度的山苦瓜，在距瓜顶约 1/3 处的横切面的最大果肉厚度，取 10 个瓜的平均值。单位为 cm。

（6）心室数

结果盛期，发育正常、达到商品成熟度的山苦瓜心腔的心室数。单位为个。

（7）瓜肉色

结果盛期，发育正常、达到商品成熟度的山苦瓜肉颜色，可分为白、绿白、浅绿、绿。

（8）瓜瘤类型

结果盛期，发育正常、达到商品成熟度的山苦瓜表面瘤的有无和种类，可分为无瘤、粒瘤、条瘤、粒条相间瘤和刺瘤 5 种类型。

（9）平均单瓜重

结果盛期，随机取 10 个瓜的平均重量。单位为 g。

（10）最大单瓜重

结果盛期，调查小区内最大单果重。单位为 g。

（11）棱瘤稀密

结果盛期，发育正常、达到商品成熟度的山苦瓜表面棱瘤的有无和稀密，可分为无棱瘤、稀棱瘤、中棱瘤和密棱瘤。

（12）瓜瘤大小

结果盛期，发育正常、达到商品成熟度的山苦瓜表面瓜瘤的有无和大小，可分为无瘤、小瘤、中瘤、大瘤 4 种。

（13）瓜面光泽

结果盛期，发育正常、达到商品成熟度的山苦瓜表面有无光泽，可分为有光泽和无光泽 2 种类型。

（14）近瓜蒂端瓜面形状

结果盛期，发育正常、达到商品成熟度的山苦瓜近瓜蒂端瓜面的形状，可分为凹、平、凸 3 种。

（15）瓜顶形状

结果盛期，发育正常、达到商品成熟度的山苦瓜顶部的形状，可分为锐尖、钝尖和近圆 3 种类型。

（16）熟性

在一定环境条件下，山苦瓜种质商品瓜成熟的早晚不同，按照播种期到始收期的不同天数，将山苦瓜种质的熟性分为极早熟、早熟、中熟、晚熟、极晚熟 5 级。

6. 产量

登记各组合或品种每批次采收的商品瓜质量和条数，一般采收前、后期 4 ~ 5d 采一批，盛期每 3d 采一批，一般全期采摘 18 ~ 22 批。

（1）前期产量

前期产量是指以对照品种作为计算标准，从对照品种始收当日计起至第 20d 内（4 ~ 5 批）所收获产量总和。单位为 kg/hm^2 表示。

（2）总产量

从始收至末收的产量总和。单位为 kg/hm^2 表示。

（3）单株产量

总产量除以总株数后的质量。单位为 kg/ 株。

（4）单株瓜数

整个采收期收获的商品瓜的条数除以总株数后的瓜数。单位为条。

（5）单产

整个采收期内收获商品瓜的总质量除以单位面积。单位为 kg/hm^2。

（6）畸形瓜

生长发育不正常，不具商品价值的瓜为畸形瓜。

（7）商品率

商品率 =（总产量 – 畸形瓜重量总和）/ 总产量 ×100%。

7. 病虫害调查

病害主要有枯萎病、白粉病、炭疽病、霜霉病、病毒病。查这些病发生的有无，若有，可分轻、较重、重。

8. 品质特性

山苦瓜种质产品器官的商品品质、感官品质和营养品质性状。商品品质性状主要包括果实形状、颜色、果实大小、整齐度等；感官品质性状包括肉质和苦味等；营养品质性状包括水分、维生素 C 含量等。

（1）感观品质

满分 100 分，其中外观品质占 60%，食味品质占 40%。分 4 级：感观品质 ≥ 85 分为优，75 ≤感观品质＜ 85 分为良，60 ≤感观品质＜ 75 分为中，感观品质＜ 60 分为差。其中，外观品质是指同一品种规格、形状、色泽一致，瓜条均匀，无疤点，无断裂，不带泥土，无畸形瓜、病虫害瓜、烂瓜，无明显机械伤等。

（2）苦味

发育正常、达到商品成熟度的山苦瓜果肉苦味的有无和强弱，可分为无苦味、微苦、苦、极苦4种。

（3）肉质

发育正常，达到商品成熟度的山苦瓜果肉的质地，可分为致密和松软2种。

（4）水分含量

达到商品成熟度的新鲜山苦瓜果肉的水分含量。以%表示。

（5）维生素C含量

100g新鲜商品瓜果肉所含维生素C的毫克数。单位为10^{-2}mg/g。

（6）可溶性糖含量

1kg达到商品成熟度的新鲜山苦瓜果肉中所含可溶性糖的克数。单位为g/kg。

（7）耐贮藏性

在一定贮藏条件下，商品瓜保持新鲜状态且原有品质不发生明显劣变的特性。可分为强、中和弱3级。

9. 抗逆性

山苦瓜种质资源对各种非生物胁迫的适应或抵抗能力，包括耐冷性、耐热性等。

（1）芽期耐冷性

芽期耐冷性的发芽温度标准目前还在研究中，发芽温度新种暂定18±0.5℃，1年以上的陈种为16±0.5℃。具体做法是在光照培养箱中严格控制温度条件下进行。每份种质选饱满、整齐一致的种子200粒，每份种子50粒，重复4次，并设耐冷性强、中、弱3个对照品种。温汤浸种4h，在恒温箱内保湿催芽，发芽温度新种18±0.5℃，1年以上的陈种为16±0.5℃。每24h调查1

次芽数，以胚根突破种 2mm 为准，直到第 15d，计算发芽率。以发芽起始计 4d 计算发芽势。

山苦瓜种子在低温下的发芽能力，可分为强、中和弱 3 级。

①强：发芽势 >65%，发芽率 >75%

②中：35% ≤发芽势≤ 65%，45% ≤发芽率≤ 75%

③弱：发芽势 <35%，发芽率 <45%

（2）耐冷性

山苦瓜植株在低温下维持存活力，温度回升后恢复生长的能力，可分为强、中和弱 3 级。

（3）耐热性

山苦瓜植株在高温下维持存活力，温度正常后恢复生长的能力，可分为强、中和弱 3 级。

10. 抗病性

山苦瓜种质资源对各种生物胁迫的适应或抵抗能力，包括霜霉病、白粉病、枯萎病等。品种或种质材料的主要抗病性参照下列方法进行。

（1）霜霉病

①接种液的制备。采集田间发病严重的山苦瓜霜霉病病叶，经清水略微冲洗后，分层摆入保湿盒中并对每层叶片喷适量清水进行保湿，之后将保湿盒置于 24℃左右的黑暗条件下培养一夜，次日刷下叶片产生的霉层，调配成浓度为 1×10^6 个 /mL 的孢子悬液。

②接种方法。在山苦瓜第 1 对真叶完全展开后采用喷雾接种法。用小型手持喷雾器将上述接种液均匀地喷于山苦瓜的叶片上。接种后于 23 ~ 25℃的温室内保湿培养 48h。后转入白天 25 ~ 30℃、夜晚 18℃左右的温室内正常管理。

③病情调查与分级标准。接种后 7 ~ 12d 调查发病情况，记录病株及病级。病情分级标准如表 A-1。

表 A-1 霜霉病病情分级标准

病级	病情
0 级	无病症
1 级	病斑面积占叶面积的 1/10 以下
3 级	病斑面积占叶面积的 1/10 ~ 1/4
5 级	病斑面积占叶面积的 1/4 ~ 1/2
7 级	病斑面积占叶面积的 1/2 ~ 3/4
9 级	病斑面积占叶面积的 3/4 以上，以至干枯

④计算病情指数 $DI = \frac{\sum(S_i \times n_i)}{9N} \times 100$

式中：

DI——病情指数；

S_i——发病级别；

n_i——相对病级级别的株数；

i——病情分级各个级别；

N——调查总株数。

种质群体对霜霉病的抗性依苗期病情指数分 4 级（表 A-2）。

表 A-2 对霜霉病抗性的分级

级别	病情指数
高抗（HR）	$DI \leq 10$
抗病（R）	$10<DI \leq 30$
中抗（MR）	$30<DI \leq 50$
感病（S）	$DI>50$

（2）白粉病

①播种育苗。设置适宜的感病和抗病对照品种。各参试种子经 5% 次氯酸钠溶液消毒 10min 后，用清水冲洗，续浸种至 8 ~ 10h，30℃保湿催芽。待胚根长至 0.5cm 时播入消毒的育苗基质里，在日光温室里育苗，室内温度为 20 ~ 30℃，每份参试苗 10 株，重复 3 次。

②接种液的制备。田间采集自然发病的早期病叶，掸掉叶面上的老孢子，

置于底部铺有湿滤纸的白瓷盘上，24℃左右的室温内保湿 16h，用毛笔刷取叶片上长出的新鲜孢子于盛有无菌水的烧杯中，再滴加 Tween-20（使之浓度为 0.05%），搅拌均匀即得孢子悬浮液。用血球计数板计数分生孢子数。接种浓度为 10^5 个孢子 /mL。

③**接种方法。**在山苦瓜第 1 对真叶完全展开后采用喷雾接种法。用小型手持喷雾器将上述接种液均匀地喷于山苦瓜的叶片上。接种后于 22 ~ 25℃的温室内黑暗保湿 12 ~ 16h。后转入白天 25 ~ 28℃、夜晚 18℃左右的温室内正常管理。

④**病情调查与分级标准。**接种后 7 ~ 10d 调查发病情况，记录病株及病级。病情分级标准如表 A-3。

表 A-3　白粉病病情分级标准

病级	病情
0 级	无病斑
1 级	病斑面积占整个叶片面积的 1/3 以下，白粉模糊不清
2 级	病斑面积占整个叶片面积的 1/3 ~ 2/3，白粉较为明显
3 级	病斑面积占整个叶片面积的 2/3 以上，白粉层较厚、连片
4 级	白粉层浓厚，叶片开始变黄、坏死
5 级	叶片坏死斑面积占叶面积的 2/3 以上

⑤**计算病情指数**　$DI = \frac{\sum(S_i \times n_i)}{5N} \times 100$

式中：DI——病情指数；

S_i——发病级别；

n_i——相对病级级别的株数；

i——病情分级各个级别；

N——调查总株数。

种质群体对白粉病的抗性依苗期病情指数分 5 级（表 A-4）。

续表

表 A-4　对白粉病抗性的分级

级别	病情指数
高抗（HR）	$DI<15$
抗（R）	$15 \leqslant DI<35$
中抗（MR）	$35 \leqslant DI<55$
感病（S）	$55 \leqslant DI<75$
高感（HS）	$DI>75$

必要时，计算相对病情指数，用以比较不同批次试验材料的抗病性。

（3）枯萎病

①播种育苗和接种液的制备。（略）

②接种方法。待山苦瓜幼苗长至4片真叶时，小心挖出，经清水洗净根部后，在 1×10^6 的孢子悬浮液中浸 30min，再植入无菌土营养钵中。

③病情调查与分级标准。接种后 12 ～ 15d 调查发病情况，记录病株及病级。病情分级标准如表 A-5。

表 A-5　枯萎病病情分级标准

病级	病情
0 级	无病症
1 级	第 1 对真叶中的 1 片真叶开始变黄
2 级	第 1 对真叶中的 1 片或 1 对真叶明显变黄
3 级	3 片以上真叶明显变黄，植株轻度萎蔫，维管束褐变
4 级	全株萎蔫或枯死，维管束褐变

④计算病情指数　$$DI = \frac{\sum\left(S_i \times n_i\right)}{4N} \times 100$$

式中：DI——病情指数；

S_i——发病级别；

n_i——相对病级级别的株数；

i——病情分级各个级别；

N——调查总株数。

种质群体对枯萎病的抗性依苗期病情指数分 6 级（表 A–6）。

表 A–6　对枯萎病抗性的分级

级别	病情指数
免疫（I）	病情指数 =0
高抗（HR）	$0<DI<15$
抗（R）	$15 \leqslant DI<30$
中抗（MR）	$30 \leqslant DI<50$
感病（S）	$50 \leqslant DI<70$
高感（HS）	$DI>70$

必要时，计算相对病情指数，用于比较不同批次试验材料的抗病性。

11. 自交选育时的种子调查

（1）种瓜皮色

达到生理成熟度时，种瓜表皮的颜色，可分为橙黄和橙红 2 种。

（2）种瓜重量

达到生理成熟度时，单个种瓜的质量。单位为 g。

（3）单瓜种子数

达到生理成熟度时，单个种瓜内成熟的种子粒数。单位为粒。

（4）种子皮色

成熟山苦瓜种子的表皮颜色，可分为棕、深棕和黑 3 种。

（5）种子千粒重

含水量 8% 以下的 1000 粒成熟山苦瓜种子的质量。单位为 g。

（6）形态一致性

种子群体内，单株间形态的一致性，可分为一致、连续变异和不连续变异 3 种类型。

| 参考文献 |

[1] 李洪铭，陈振华，段学民，等．苦瓜的药理作用及其在心血管疾病中的应用[J]．江西科技师范大学学报，2019(6):71-78.

[2] 赵高婷．苦瓜籽和假酸浆的化学成分及其生物活性研究[D]．昆明：昆明理工大学，2021.

[3] 周潇恬，罗非君．苦瓜的功能成分和生物活性研究进展[J]．现代食品，2020(10):66-71.

[4] 郑方园．苦瓜皂苷的分离纯化、结构鉴定及苦瓜颗粒剂工艺研究[D]．合肥：安徽农业大学，2021.

[5] 杨娣，孟大利，曹家庆，等．苦瓜皂（甾）苷的现代药学和降血糖作用的研究进展[J]．中草药，2013,44(24):3582-3592.

[6] 潘辉，赵余庆．苦瓜中皂（甾）苷类化学成分的研究[J]．亚太传统医药，2006(1):65-72.

[7] 范戎，许敏，马晓霞，等．苦瓜属植物的化学成分与药理活性研究进展[J]．云南中医学院学报，2014,37(6):93-100.

[8] 顾小红，赵海雯，汤坚，等．癞葡萄总皂甙测定方法的研究[J]．食品科学，2005(8):313-317.

[9] 林碧珍，赖正锋，练冬梅，等．山苦瓜研究进展[J]．农业科学，2019,9(10):915-918.

[10] 付仁．癞葡萄胶囊癞葡萄茶[J]．现代营销：创富信息版，2004(7):19.

[11] 石根勇，吕中明，陈新霞，等．癞葡萄冻干粉调节血糖作用的研究[J]．中国生化药物杂志，2005(5):50-51.

[12] 邱年永，张光雄．原色台湾药用植物图鉴－4[M]．台北：南天书局，1995.

[13] 晨阳．夏季吃苦当推苦瓜[J]．江苏卫生保健，2020(7):44.

[14] 陈洋 . 苦瓜及癞葡萄提取物对 α- 葡萄糖苷酶抑制作用的研究 [D]. 南京 : 南京师范大学 ,2019.

[15] 赵明禹 . 癞葡萄皂苷及其降血糖功能研究 [D]. 无锡 : 江南大学 ,2008.

[16] 罗蕾 , 李祖强 . 山苦瓜中两个乌苏烷类新三萜 [J]. 云南植物研究 ,1997(3): 102-106.

[17] 罗蕾 , 李祖强 , 张元清 , 等 . 山苦瓜中三萜及甾体成分的研究 [J]. 药学学报 ,1998 (11):40-43.

[18] 傅伟昌 . 癞葡萄籽油甘油三酯结构及其体外抗肿瘤功效研究 [D]. 无锡 : 江南大学 ,2009.

[19] 袁晓晴 . 癞葡萄降血糖肽的制备及其降糖机理研究 [D]. 无锡 : 江南大学 ,2007.

[20] 王东红 . 苦瓜蛋白降脂活性成分纯化及功效评价 [D]. 烟台 : 烟台大学 ,2014.

[21] 朱香燕 . 苦瓜营养成分分析及挤压苦瓜颗粒茶加工技术研究 [D]. 长沙 : 湖南农业大学 ,2015.

[22] 张红梅 , 金海军 , 余纪柱 , 等 . 不同苦瓜品种营养和功能成分含量及总抗氧化能力比较 [J]. 分子植物育种 ,2022,20(3):967-976.

[23] 张宏梅 , 昌盛 , 崔佰吉 , 等 . 苦瓜总黄酮的提取及其体外抗氧化活性分析 [J]. 食品研究与开发 ,2016,37(23):61-64.

[24] 彭爱芝 , 李劲 . 苦瓜中氨基酸和无机元素的含量分析 [J]. 湖南医科大学学报 ,1996(4):305-307.

[25] 吴水金 , 李海明 , 黄惠明 , 等 . 不同山苦瓜资源田间性状和品质分析 [J]. 中国蔬菜 ,2018(3):59-62.

[26] 赖正锋 , 张少平 , 李跃森 , 等 . 山苦瓜栽培技术 [J]. 现代农业科技 ,2013(1):93.

[27] 赵海雯 , 汤坚 . 癞葡萄皂甙的降糖功效探索 [J]. 食品科技 ,2007(12):224-227.

[28] 袁晓晴 , 胡燕 , 刘红梅 . 酶法水解癞葡萄蛋白制备降血糖多肽的工艺研究 [J].

江苏农业科学,2011,39(6):442–444.

[29] 袁晓晴,顾小红,蒋再良,等.癞葡萄降糖活性成分的提取及其降糖活性的研究[J].食品研究与开发,2006,27(3):30–31.

[30] 屈浩亮.癞葡萄可溶性膳食纤维的研究[D].江南大学,2008.

[31] 赵海雯.癞葡萄皂甙的分离纯化及降血糖功效研究[D].无锡:江南大学,2005.

[32] 姚怀韬.糖尿病患者胰岛素治疗的新进展[J].安徽医专学报,2022,21(2):54–56.

[33] 袁宝君,戴月.癞葡萄胶囊调节血糖人体试食试验的研究[J].卫生研究,2003(4):326–328.

[34] 李祖强,罗蕾,凌敏.山苦瓜的抗癌活性成分[J].中草药,1999,30(6):409–411.

[35] 傅伟昌,顾小红,俞惠新,等.甘油三酯体外抗肿瘤活性(英文)[J].食品科学,2010,31(15):271–277.

[36] 陆文琦,熊久贤.山苦瓜根片为主治疗恶性肿瘤术后复发及转移6例介绍[J].贵阳中医学院学报,1994(3):37–39.

[37] 陆文琦.山苦瓜根片防止"恶性肿瘤"术后复发的疗效观察[J].新中医,1987(11):21–23.

[38] 张苗苗,郭瑜洁.精氨酸的药理作用研究进展[J].科学咨询:科技管理,2022(1):62–65.

[39]WU S J,NG L T.Antioxidant and free radical scavenging activities of wild bitter melon (*Momordica charantia* Linn. var. *abbreviata* Ser.) in Taiwan[J].LWT-Food Sci Tech,2008,41(2):323–330.

[40]LIN Y S,HUANG W Y,Ho P Y,et al.Effects of storage time and temperature on antioxidants in juice from *Momordica charantia* L. and *Momordica charantia* L. var. *abbreviata* Ser. [J]. Molecules,2020,25(16):3614.

[41]LIAO Y W,CHEN C R,HSU J L,et al. Norcucurbitane triterpenoids from the fruits of *Momordica charantia* var. *abbreviata*[J].Nat Prod Commun,2013,8(1):79−81.

[42]CHEN C R,LIAO Y W,KUO Y H,et al.New norcucurbitane triterpenoids from *Momordica charantia* var. *abbreviata*[J].Nat Prod Commun,2017,12(7): 1934578X1701200.

[43]CHEN C R,LIAO Y W,HSU J L,et al. A new 27 norcucurbitane triterpenoid from the fruits of *Momordica charantia* var. *abbreviata*[J].Chem Nat Comp,2020,56: 688−691.

[44]TSAI T H, HUANG W C,YING H T, et al. Wild bitter melon leaf extract inhibits Porphyromonas gingivalis-induced inflammation: Identification of active compounds through bioassay-guided isolation[J]. Molecules,2016,21(4):454.

[45]CHENG H L,KUO C Y,LIAO Y W,et al.EMCD, a hypoglycemic triterpene isolated from Momordica charantia wild variant, attenuates TNF-α-induced inflammation in FL83B cells in an AMP-activated protein kinase-independent manner[J]. Eur J Pharmacol,2012,689(1/2/3):241−248.

[46]LIAW C C, HUANG H T, LIU H K, et al. Cucurbitane-type triterpenoids from the vines of Momordica charantia and their anti-inflammatory,cytotoxic,and antidiabetic activity[J]. Phytochemistry,2022,195:113026.

[47]HUANG H T, ZHANG L J, HUANG H C, et al. Cucurbitane-type triterpenoids from the vines of Momordica charantia and their anti-inflammatory activities[J].J Nat Prod,2020,83(5):1400−1408.

[48]SUNG H C,LIU C W,HSIAO C Y,et al.The effects of wild bitter gourd fruit extracts on ICAM-1 expression in pulmonary epithelial cells of C57BL/6J mice and microRNA-221/222 knockout mice: Involvement of the miR−221 /−222/PI3K/AKT/NF-κB pathway[J]. Phytomedicine,2018(42):90−99.

[49]HUANG W C,TSAI T H,HUANG C J,et al. Inhibitory effects of wild bitter melon leaf extract on Propionibacterium acnes-induced skin inflammation in mice and cytokine production

in vitro[J]. Food Funct,2015,6(8):2550–2560.

[50]TRUONG THI T D,NGUYEN MINH T.Biochemical compositions, antioxidant activity, and in vitro antibacterial activity of extract from wild bitter melon (*Momordica charantia* var. *abbreviata* Ser.)[J].Heavy Met Arsen Concentrations Water Agric Soil Rice Ngan Son Dist Bac Kan Prov Vietnam,2021,4(2):109–114.

[51]SUN K,DING M,FU C F,et al. Effects of dietary wild bitter melon (*Momordica charantia* var. *abbreviate* Ser.) extract on glucose and lipid metabolism in HFD/STZ-induced type 2 diabetic rats[J]. J Ethnopharmacol,2023,306:116–154.

[52]YUAN X Q,GU X H,TANG J.Optimization of the production of *Momordica charantia* L. var. *abbreviata* Ser. protein hydrolysates with hypoglycemic effect using Alcalase[J].Food Chem,2008,111(2):340–344.

[53]YUAN X Q, GU X H, TANG J. Purification and characterisation of a hypoglycemic peptide from *Momordica charantia* L. var. *abbreviata* Ser.[J]. Food Chem,2008,111(2):415–420.

[54]PHAM T M H,NGO D H,NGO D N,et al.Investigation of biological activities of wild bitter melon (*Momordica charantia* Linn. var. *abbreviata* Ser.) [J]. Biomolecules, 2019, 9(6): 211.

[55]HUANG T N,LU K N,PAI Y P,et al. Role of GLP-1 in the hypoglycemic effects of wild bitter gourd[J]. Evid Based Complement Alternat Med,2013:625892.

[56]CHANG C I, TSENG H I, LIAO Y W, et al. In vivo and in vitro studies to identify the hypoglycaemic constituents of Momordicacharantia wild variant WB24[J].Food Chem,2011,125(2):521–528.

[57]CIOU S Y,HSU C C,KUO Y H,et al. Effect of wild bitter gourd treatment on inflammatory responses in BALB/c mice with sepsis[J]. Biomedicine,2014,4(3):17.

[58]LII C K,CHEN H W,YUN W T,et al. Suppressive effects of wild bitter gourd (*Momordica*

charantia Linn. var. *abbreviata* Ser.) fruit extracts on inflammatory responses in RAW 264.7 macrophages[J].J Ethnopharmacol,2009,22(2):227−233.

[59]KUNG W M,LIN C C,KUO C Y,et al.Wild bitter melon exerts anti-inflammatory effects by upregulating injury attenuated CISD2 expression following spinal cord injury[J]. Behav Neurol,2020:1080521.

[60]HSU C,TSAI T H,LI Y Y,et al.Wild bitter melon (*Momordica charantia* Linn. var. *abbreviata* Ser.) extract and its bioactive components suppress Propionibacterium acnes-induced inflammation[J]. Food Chem,2012,135(3):976−984.

[61]TSAI T H,CHANG C I,HUNG Y L,et al.Anti-inflammatory effect of charantadiol A, isolated from wild bitter melon leaf, on heat-inactivated [J]. Molecules,2021,26(18):5651.

[62]LU H Y,LIN B F.Wild bitter melon alleviates dextran sulphate sodium-induced murine colitis by suppressing inflammatory responses and enhancing intestinal regulatory T cells[J]. J Funct Foods,2016,23:590−600.

[63]LIN C H,WU J S,HSIEH P C,et al.Wild bitter melon extract abrogates hypoxia-induced cell death via the regulation of ferroptosis, ER stress, and apoptosis in microglial BV2 cells[J]. Evid Based Complement Alternat Med,2022: 1072600.

[64]HO C H,HUANG J H,SUN M S,et al. Wild bitter melon extract regulates LPS-induced hepatic stellate cell activation, inflammation, endoplasmic reticulum stress,and ferroptosis[J]. Evid Based Complement Alternat Med,2021:6671129.

[65]NGUYEN T TT,VO D M,LUONG T H V,et al. Investigation of antimicrobial activity and chemical constituents of *Momordica charantia* L. var. *abbreviata* Ser.[J]. Vietnam J Sci Technol,2019,57(2):155.

[66]BAI L Y,CHIU C F,CHU P C,et al. A triterpenoid from wild bitter gourd inhibits breast cancer cells[J]. Sci Rep,2016,6:22419.

[67]TSAI T H,HUANG C J,WU W H,et al. Antioxidant, cell protective, and anti−

melanogenic activities of leaf extracts from wild bitter melon (*Momordica charantia* Linn. var. *abbreviata* Ser.) cultivars[J]. Bot Stud,2014,55(1):78.

[68]LIU Y H, LU Y L, CHANG Y C, et al. Anti-adipogenic activities of pheophorbide a and pyropheophorbide α isolated from wild bitter gourd (*Momordica charantia* L. var. *abbreviate* Seringe) in vitro[J]. J Sci Food Agric,2022,102(14):6771-6779.

[69]HSIAO C Y,CHEN Y M,HSU Y J,et al.Supplementation with Hualian No. 4 wild bitter gourd (*Momordica charantia* Linn. var. *abbreviata* Ser.) extract increases anti-fatigue activities and enhances exercise performance in mice[J]. J Vet Med Sci, 2017,79(6):1110-1119.

[70]TSAI C H, CHEN E C F, TSAY H S, et al. Wild bitter gourd improves metabolic syndrome: A preliminary dietary supplementation trial[J]. Nutrit J, 2012,11(1):1-9.

一、山苦瓜果实

山苦瓜果实

山苦瓜果实

山苦瓜果实

山苦瓜果实

山苦瓜果实

山苦瓜果实

山苦瓜果实

山苦瓜果实

山苦瓜成熟果实

山苦瓜成熟果实

山苦瓜成熟果实

未成熟瓜瓤

成熟瓜瓤

二、山苦瓜种子

山苦瓜种子

山苦瓜种子

山苦瓜种子

山苦瓜种子

三、山苦瓜的类型

绿色

浅绿

白绿

白色

杂交品种如玉 45 号

杂交品种金花 1 号

杂交品种台湾花莲 4 号

杂交品种台湾花莲 5 号

五、采收标准

山苦瓜采收标准

山苦瓜瓤白色（正确采收时间）

不新鲜的山苦瓜

山苦瓜瓤红色（采收过晚）

六、山苦瓜逆境生理

缺硼症状

果实授粉不良

枯萎病

霜霉病

白粉病

蔓枯病

根结线虫病

病毒病

炭疽病

瓜实蝇

瓜蚜

瓜实蝇为害

瓜实蝇为害

绢螟和白粉虱